斉藤謠子 & Quilt Party

享玩拼布！
職人們的開心裁縫創作選

享玩拼布！職人們的開心裁縫創作選

1985年，拼布教室兼專門店「Quilt Party」開張營運至今，

已邁入三十五週年。期間出版的書籍已超過五十餘冊。

教室成立的主旨以配色與精心縫製為重點，廣泛地提供相關指導。

希望完成的壁飾作品讓人百看不厭，手提包與波奇包亦具有實用及舒適性，

生活小物也樣樣精美，令人深深期待擁有。

本書收錄富於變化，充滿三十五年經驗累積的眾多作品。

從外形簡約的拼布包，到造型獨特的波奇包，纖細色彩運用的壁飾等，

都是能夠增添色彩，豐富日常生活的精選布作。

受限於篇幅，書中並未納入床罩等大型壁飾，

為您介紹的都是無論尺寸或款式設計，都很容易上手製作完成的作品。

從小片零碼布開始至縫製完成的拼布，

在手作的過程中，都讓人滿懷著愉悅心情。

希望能讓更多人也能一起體驗如此迷人的拼布魅力。

斉藤謠子&Quilt Party

CONTENTS

1

車輪狀圓形肩背包

進行貼布縫，完成車輪狀圓形圖案的肩背
包。改變圖案配色，彷彿讓車輪不停地轉
動般，充滿藝術氛圍的圖案設計。安裝日
形環以調節背帶長度，還可以斜背！背面
側則隨意地進行曲線狀壓線。

作 法　P.42
製 作　中嶋惠子

2

袋身組裝立體口袋
2way包

以貼布縫星形圖案，立體感十足的
口袋為設計重點。放入小錢包與手
機等重要隨身物品就能夠出門，大
小適中，加上肩背帶就能斜背，是
充滿機能性的2way包。

作　法　P.44
製　作　中嶋惠子

3

菱形拼接星形
迷你波士頓包

配色甜美可愛，以菱形布片拼接六
角星圖案的迷你波士頓包。安裝長
30cm塑鋼拉鍊，可大大地敞開袋
口，以使用方便性為最大特色。側
身寬闊，收納能力超強的手提包。

作　法　P.46
製　作　折見織江

4

菱形拼接肩背包

以色彩柔美的菱形布片拼接構成圖案，外形小巧的肩背包。組合寬闊側身，即便是小包，也大大地提昇方便性，臨時出門或外出小旅行時，是實用的攜帶選擇。

作 法　P.48
製 作　河野久美子

5

花籃意象小手提包

以六角形布片並排拼接構成花形圖案的小手提包。本體以米黃色系布片為主，提把使用籃網布紋的印花布，充滿花籃意象。橢圓形袋底可愛又極富魅力。

作法 P.50
製作 折見織江

9

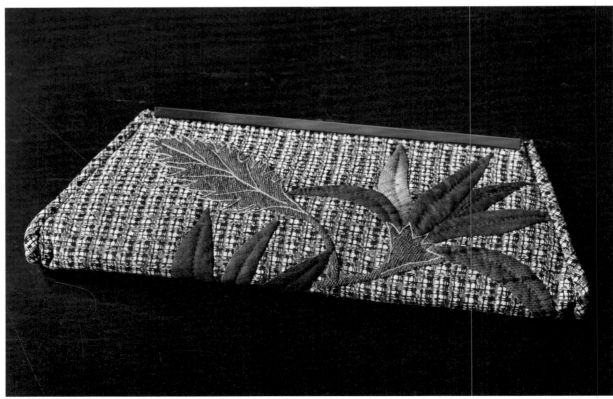

6

紅花手拿包

黑白基底布料加上大朵紅花貼布縫圖案，安裝文鎮口金，設計大膽，外觀時尚的手拿包。花心部分以Candlewick線與絨毛繡技巧，完成漂亮又立體的刺繡。背面側刺繡花朵側面圖案，增添截然不同的意趣。

作　法　P.54
製　作　折見織江

7

綴滿花朵圓形包

配合袋底曲線，整齊刺繡花朵圖
案，完成外型甜美可愛的圓形包。
袋身組合大口袋，擺放手機或票卡
最方便。側身安裝D形環，當作肩
背包使用也十分便利。

作　法	P.52
製　作	船本里美
製作協力	須藤順子

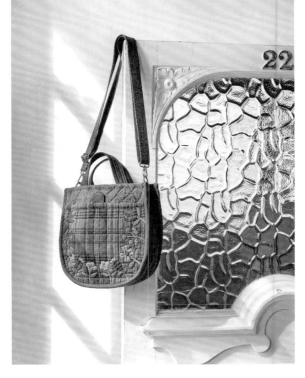

8

十字拼接手提包

以兩片小布片拼縫十字圖案。完成圖案後，周邊分別配置色澤沉穩的同色系布片，與突顯色彩的對比色布片，完成協調漂亮的配色。袋口安裝拉鍊，充滿安心感。側身寬闊、容量大，方便使用的手提包。

作法　P.56
製作　船本里美

9

鳥兒與樹刺繡手提袋

仰頭看樹梢，就會發現每天到庭院裡玩耍的小鳥們。庭園裡，若每天都綻放著各色花朵，一定更加精采熱鬧！依照素描手感，一針針地完成刺繡，本體使用素雅的圓點圖案布料，完成外型可人的手提袋。

作 法	P.58
製 作	石田照美

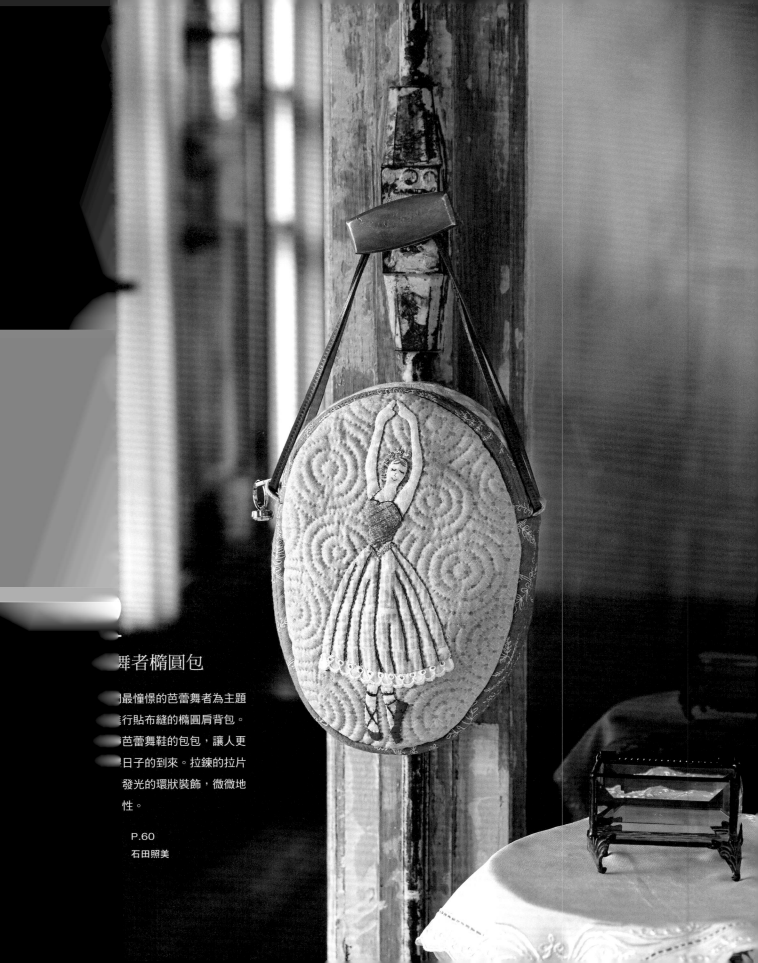

舞者橢圓包

以最憧憬的芭蕾舞者為主題
進行貼布縫的橢圓肩背包。
有芭蕾舞鞋的包包，讓人更
期待日子的到來。拉鍊的拉片
是發光的環狀裝飾，微微地
⋯性。

P.60
石田照美

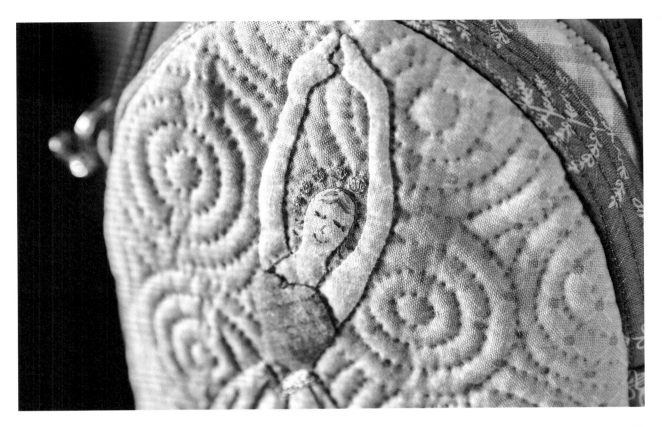

11

繡球花隨身包

中央的金屬配件扣合後成為提把，俐落簡
約的單提把隨身包。以藍色系漸層色布片
製作花瓣後進行貼布縫，完成立體又分量
感十足的繡球花。後片側刺繡探出頭來的
蝸牛，模樣真可愛。

作　法　P.62
製　作　石田照美

12

洋基之謎眼鏡盒

盒蓋部分為三角形小布片拼接的洋基之謎
圖案。內側使用質地堅韌的接著襯而更堅
固耐用。連大型太陽眼鏡都放得下，配色
樂趣十足的眼鏡盒。

作　法　P.64
製　作　河野久美子

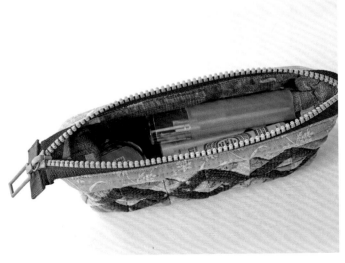

13

撞色拉鍊拼接口金包

整體配色充滿黃色系與藍色系耀眼色彩對
比之美的拼接包。袋口部位加入醫生口
金,方便取出內裝物品。適合整理收納化
妝品、護手霜等小物品。

作 法　P.66
製 作　河野久美子

14

花朵＆三角形
貼布縫口金包

進行貼布縫完成花朵與三角形圖案，營造
女性氛圍的方形口金包。形狀漂亮，深度
充足，適合擺放眼鏡式放大鏡或當作針線
包，用法自由隨性。

作 法　P.68
製 作　中嶋惠子

15

刺繡雪花筆袋

以纖細冰灰色統一色彩的筆袋。由本體壓線表現積雪，積雪上的貼布縫與刺繡圖案表現飄落的雪花。拉鍊的典雅色澤成了配色重點。

作 法　　P.70
製 作　　中嶋惠子

16

四角形拼接
手提圓筒包

縱向、橫向皆可使用，便利性絕佳的手提
圓筒包。進行四角形布片拼接時，由上往
下縫住波狀織帶。充滿優雅氛圍的淺色調
包包，適合收納嬰兒用品或當作化妝包。

作　法　P.72
製　作　河野久美子

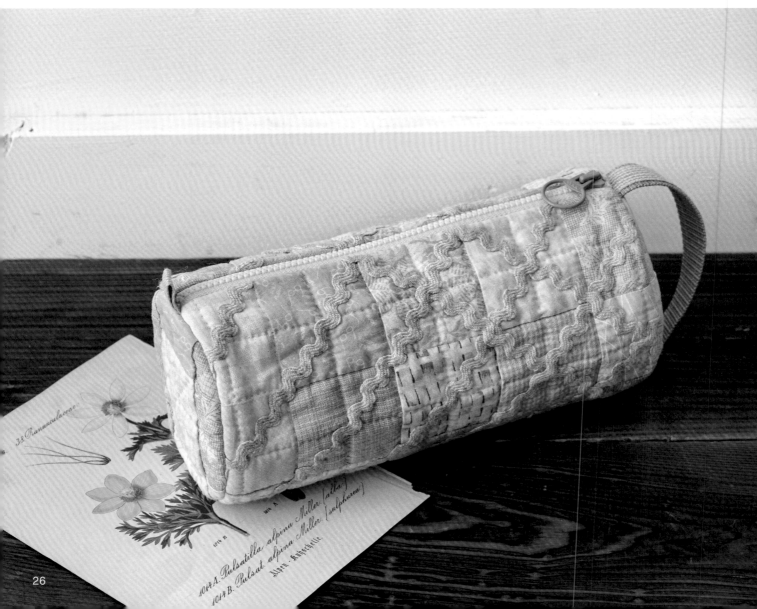

17

四角形拼接
拉鍊波奇包

馬賽克瓷磚模樣般的四角形布片拼接，外形十分可愛的拉鍊式波奇包。朝著不同方向隨意並排拼縫簡單圖案以增添變化。挑選橘色拉鍊，既能襯托藍色，亦構成配色重點。

作法 P.74
製作 船本里美

18

十字圖案票卡夾

刻意地使用白色縫線，完成十字貼布縫
圖案不規則分布的票卡夾。融合卓越設
計感與素樸風情，突顯手作獨特魅力。

作　法　　P.76
製　作　　折見織江

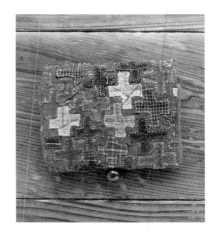

19

透視窗屋造型波奇包

車縫透明塑膠薄片完成透視窗戶，內裝物品一目瞭然的房屋造型波奇包，擺放票卡等重要物品，實用又便利。塑膠薄片疊合布片，以家用縫紉機車縫即完成，作法簡單。袋口車縫魔鬼氈扣帶，方便打開與扣合。

作 法　P.78
製 作　船本里美

20

仙人掌束口袋

袋口加上帶夾頭的圓環與繩帶，渾圓可愛
的束口袋。在紅土般色澤的基底布料上進
行貼布縫，完成各種形狀的仙人掌。黃色
花朵與銀線棘刺構成絕妙配色。

作 法　P.80
製 作　折見織江

21

雄獅造型波奇包

最適合製作圓形包款的雄獅造型波奇
包。拼接茶色系布片，完成雄獅鬃毛
部分。惹人憐愛的憨厚表情，十分療
癒。從包包裡拿出這款波奇包時，臉
上不由地綻露出笑容。

作　法　P.82
製　作　船本里美

22

孔雀圖案波奇包

以刺繡與貼布縫表現孔雀，外形迷人可
愛的圓形波奇包。分別完成本體、側身
後進行縫合，不需要處理縫份，作法超
簡單。

| 作 法 | P.82 |
| 製 作 | 船本里美 |

23

風車圖案迷你波奇包

以不停地轉動的風車意象,完成貼布縫
主題圖案的迷你波奇包。繽紛配色令人
心動。收納零錢、藥品、頂針器等小物
最為便利。

作 法　P.84
製 作　中嶋惠子

24　足球造型
迷你波奇包

五角形與六角形布片拼接的足球造型
迷你波奇包。以星星糖般顏色與形狀
最可愛,掛在胸前也OK。適合擺放
暫時取下的戒指等,用法自由自在。

作 法　P.85
製 作　石田照美

25

鯨魚造型波奇包

打開拉鍊，好像什麼東西都能夠吞到肚子裡呢！眼尾下垂感覺溫馴的鯨魚造型波奇包，只是帶在身邊，就讓人整個心情況浸在溫暖的氛圍中。當作禮物送人，一定大受歡迎！

作　法　P.86
製　作　石田照美

35

26

房屋壁飾

具有紅門的小屋。四周環繞顏色明
亮，形狀宛如太陽的花朵。以這件壁
飾為裝飾，屋裡即洋溢著溫暖和樂的
氛圍。

作　法　　P.88
製　作　　船本里美
製作協力　細川憲子

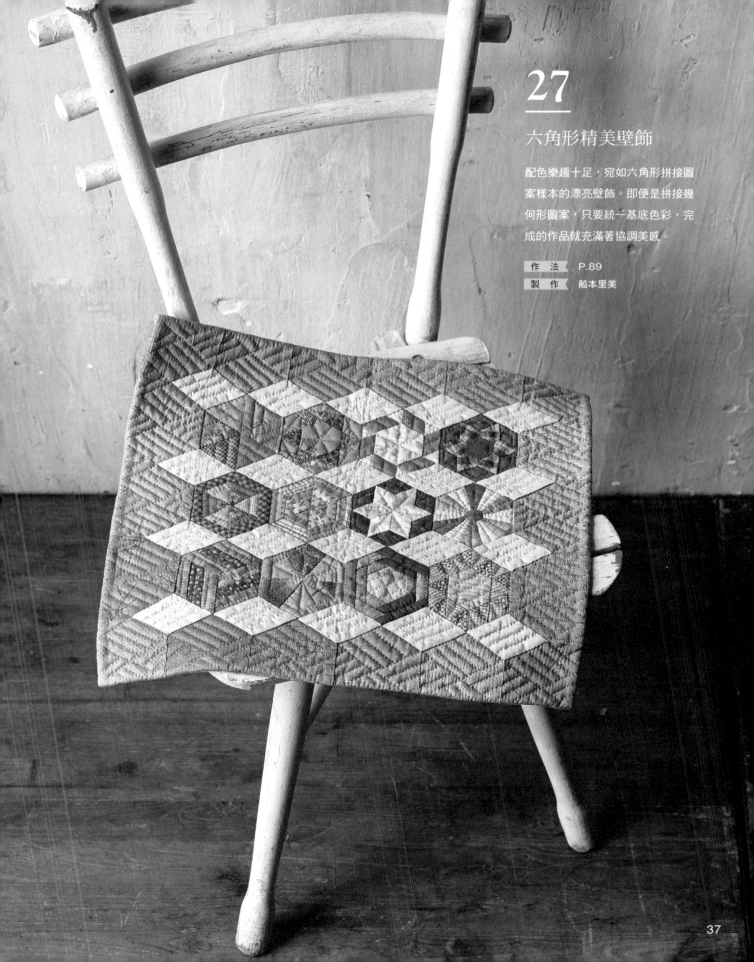

27

六角形精美壁飾

配色樂趣十足，宛如六角形拼接圖
案樣本的漂亮壁飾。即便是拼接幾
何形圖案，只要統一基底色彩，完
成的作品就充滿著協調美感。

作　法　P.89
製　作　船本里美

37

28

花草貼布縫 & 刺繡壁飾

運用纖細貼布縫與刺繡技法，完成布滿
花草圖案的精美壁飾。莖部呈現柔美曲
線，表現隨風微微飄動的模樣。以纖細
花草圖案的印花布為基底布料，營造縱
深感。

作 法	P.90
製 作	斉藤謠子

29

水果切面圖案壁飾

進行貼布縫，完成各種水果切面圖案，最
適合裝飾廚房的壁飾。以水玉印花圖案表
現葡萄柚的果肉，以線條描寫鳳梨的纖
維，奇異果部分刺繡種子等，精心處理重
要環節的作品。

作　法　P.91
製　作　折見織江

30

七草刺繡貼布縫壁飾

芹菜、薺菜、鼠麴草、繁縷、寶蓋草、
蕪菁、白蘿蔔，這七種植物就是七草。
以讓人不由自主產生食慾的春天七草刺
繡貼布縫圖案為裝飾的壁飾。西方意象
濃厚的拼布，融入日本文化精髓後完成
的精美作品。

作法　P.92
製作　石田照美

41

原寸紙型A面

材料

- 表布（灰色素布）80cm×40cm
- 配色布（灰色織紋布）70cm×40cm
- 拼接、貼布縫用布 適量
- 雙面接著鋪棉 40cm×40cm
- 鋪棉 40cm×40cm
- 裡布（灰色格紋布）90cm×40cm
  2.5cm×35cm斜布條 2條

- 接著襯（中厚） 35cm×40cm
- 平面繩帶（寬3cm）135cm
- 方形環（內尺寸3cm） 1個
- 調節環（內尺寸3cm） 1個
- 磁釦（直徑2cm）1組

※布片預留縫份0.7cm，指定以外1cm。

前袋布1片（表布、鋪棉、裡布）

配色布

肩背帶接縫位置

4.5

7.5

2.5

7.5

貼布縫

壓線

36.1

1.2

1.2

33.6

後袋布1片（表布、雙面接著鋪棉、裡布、接著襯）

吊耳接縫位置

4.5

2.5

配色布

隨意進行壓線

表布

36.1

33.6

作法

1 拼接布片，進行貼布縫，完成表布。

（正面）

縫合

（背面）

（背面）

（正面）

縫合

交互疊放，
進行貼布縫。

貼布縫

表布
（正面）

摺疊縫份，進行藏針縫。

2 進行前袋布壓線。

1.縫合配色布。

2.進行壓線。

鋪棉

裡布

表布

前袋布
（正面）

縫份部分多預留2cm。

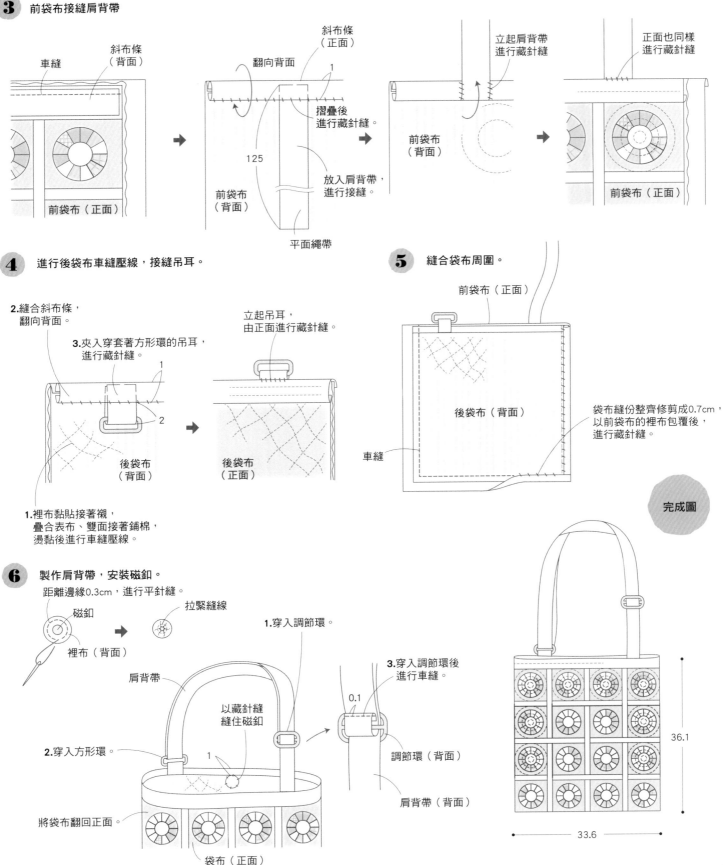

3 前袋布接縫肩背帶

車縫
斜布條（背面）

前袋布（正面）

翻向背面
斜布條（正面）
1
摺疊後進行藏針縫。
125
前袋布（背面）
放入肩背帶，進行接縫。
平面繩帶

立起肩背帶進行藏針縫
前袋布（背面）

正面也同樣進行藏針縫
前袋布（正面）

4 進行後袋布車縫壓線，接縫吊耳。

2.縫合斜布條，翻向背面。
3.夾入穿套著方形環的吊耳，進行藏針縫。
1
2
後袋布（背面）

立起吊耳，由正面進行藏針縫。
後袋布（正面）

1.裡布黏貼接著襯，疊合表布、雙面接著鋪棉，燙黏後進行車縫壓線。

5 縫合袋布周圍。

前袋布（正面）
後袋布（背面）
車縫

袋布縫份整齊修剪成0.7cm，以前袋布的裡布包覆後，進行藏針縫。

完成圖

6 製作肩背帶，安裝磁釦。

距離邊緣0.3cm，進行平針縫。
磁釦
裡布（背面）
拉緊縫線

1.穿入調節環。
3.穿入調節環後進行車縫。
0.1
調節環（背面）
肩背帶（背面）

肩背帶
以藏針縫縫住磁釦
1
2.穿入方形環。
將袋布翻回正面。
袋布（正面）

36.1
33.6

材 料

- 表布（灰色格紋布）35cm×45cm
- 拼接用布 適量
- 配色布（灰色素布）40cm×20cm
- 鋪棉 40cm×20cm
- 雙面接著鋪棉 35cm×45cm
- 裡布（灰色格紋布）75cm×45cm
  2.5cm×70cm斜布條 1條
- 接著襯（中厚） 35cm×45cm
- 織帶（寬1cm）18cm
- 提把用壓克力織帶（寬2.5cm）145cm
- D形環（內尺寸1cm）2個
- 附活動鉤D形環（內尺寸2.5cm）2個

※布片預留縫份0.7cm，指定以外1cm。

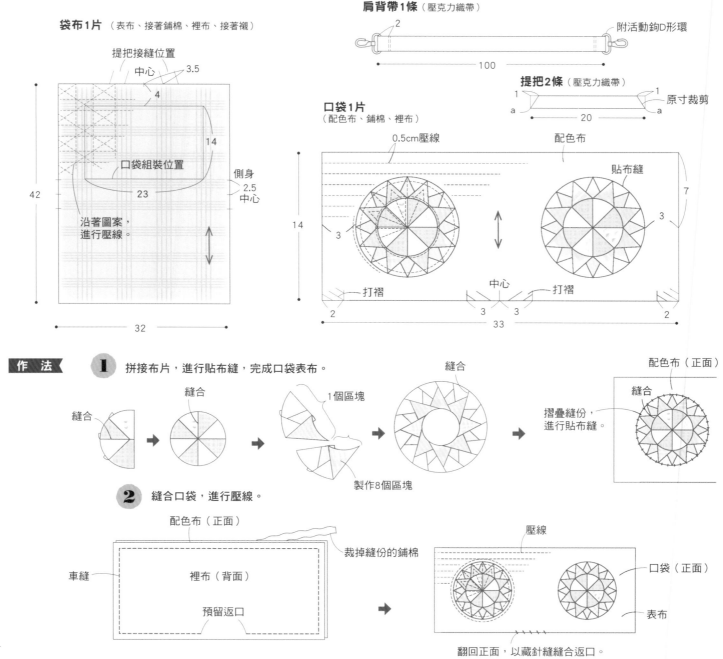

袋布1片 （表布、接著鋪棉、裡布、接著襯）

提把接縫位置
中心 3.5
4
14
口袋組裝位置
側身
2.5
中心
23
沿著圖案，進行壓線。
42
32

肩背帶1條（壓克力織帶）
2
附活動鉤D形環
100

提把2條（壓克力織帶）
1 1
a a 原寸裁剪
20

口袋1片
（配色布、鋪棉、裡布）
0.5cm壓線 配色布
貼布縫
7
3
3
14
3
打褶 中心 打褶
2 3 3 2
33

作 法

1 拼接布片，進行貼布縫，完成口袋表布。

縫合 縫合 1個區塊 縫合 摺疊縫份，進行貼布縫。
配色布（正面）
縫合
製作8個區塊

2 縫合口袋，進行壓線。

配色布（正面）
裁掉縫份的鋪棉
車縫
裡布（背面）
預留返口
壓線
口袋（正面）
表布
翻回正面，以藏針縫縫合返口。

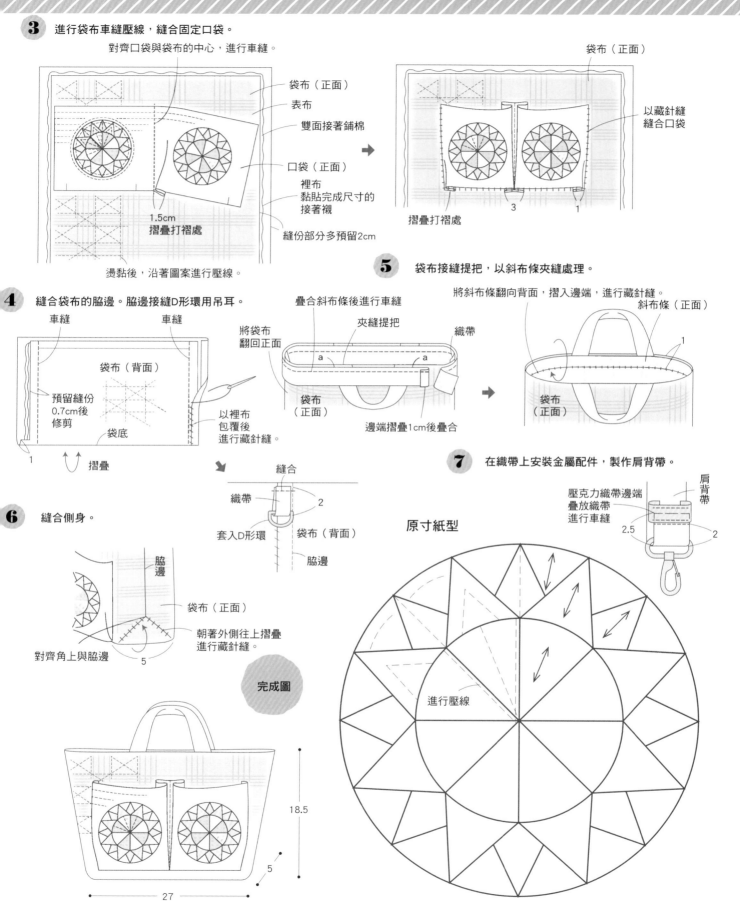

3 進行袋布車縫壓線，縫合固定口袋。

對齊口袋與袋布的中心，進行車縫。

袋布（正面）
表布
雙面接著鋪棉
口袋（正面）
裡布
黏貼完成尺寸的接著襯
縫份部分多預留2cm

1.5cm
摺疊打褶處

燙黏後，沿著圖案進行壓線。

袋布（正面）
以藏針縫縫合口袋

摺疊打褶處
3   1

5 袋布接縫提把，以斜布條夾縫處理。

疊合斜布條後進行車縫
夾縫提把
織帶

將袋布翻回正面

將斜布條翻向背面，摺入邊端，進行藏針縫。
斜布條（正面）
1

以裡布包覆後進行藏針縫。

袋布（正面）
a   a
邊端摺疊1cm後疊合

袋布（正面）

4 縫合袋布的脇邊。脇邊接縫D形環用吊耳。

車縫   車縫

袋布（背面）

預留縫份0.7cm後修剪
袋底

1   摺疊

縫合
織帶   2
套入D形環
袋布（背面）
脇邊

7 在織帶上安裝金屬配件，製作肩背帶。

壓克力織帶邊端疊放織帶進行車縫
肩背帶
2.5   2

6 縫合側身。

脇邊

袋布（正面）
朝著外側往上摺疊進行藏針縫。

對齊角上與脇邊
5

完成圖

原寸紙型

進行壓線

18.5
5
27

原寸紙型A面

材料

- 表布（茶色格紋布）20cm×40cm
- 拼接用布　適量
- 鋪棉　30cm×40cm
- 雙面接著鋪棉　20cm×35cm
- 裡布（淺茶色水玉圖案）50cm×40cm
  3.5cm×120cm斜布條
- 接著襯（中厚）　15cm×35cm

- 雙頭拉鍊（長32cm）1條
- 平面繩帶（寬2cm）54cm
- 塑膠圓環（直徑2.8cm）2個
- 斜紋織帶（寬2cm）12cm

※布片預留縫份0.7cm，指定以外1cm。

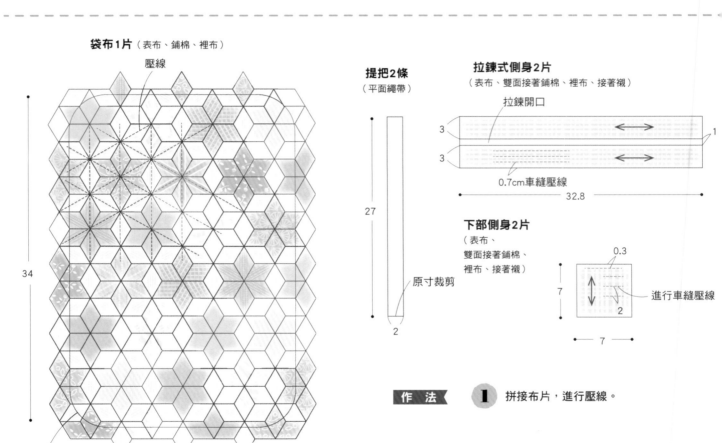

袋布1片（表布、鋪棉、裡布）

壓線

34

24

進行壓線後，
疊放紙型，作記號。
（進行縮縫，因此圖案的呈現樣貌不同）

提把2條
（平面繩帶）

27

2

原寸裁剪

拉鍊式側身2片
（表布、雙面接著鋪棉、裡布、接著襯）

拉鍊開口

3

3

1

0.7cm車縫壓線

32.8

下部側身2片
（表布、
雙面接著鋪棉、
裡布、接著襯）

0.3

7

7

2

進行車縫壓線

作法　**1**　拼接布片，進行壓線。

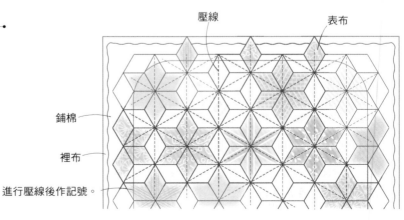

壓線　　　　　　表布

鋪棉

裡布

進行壓線後作記號。

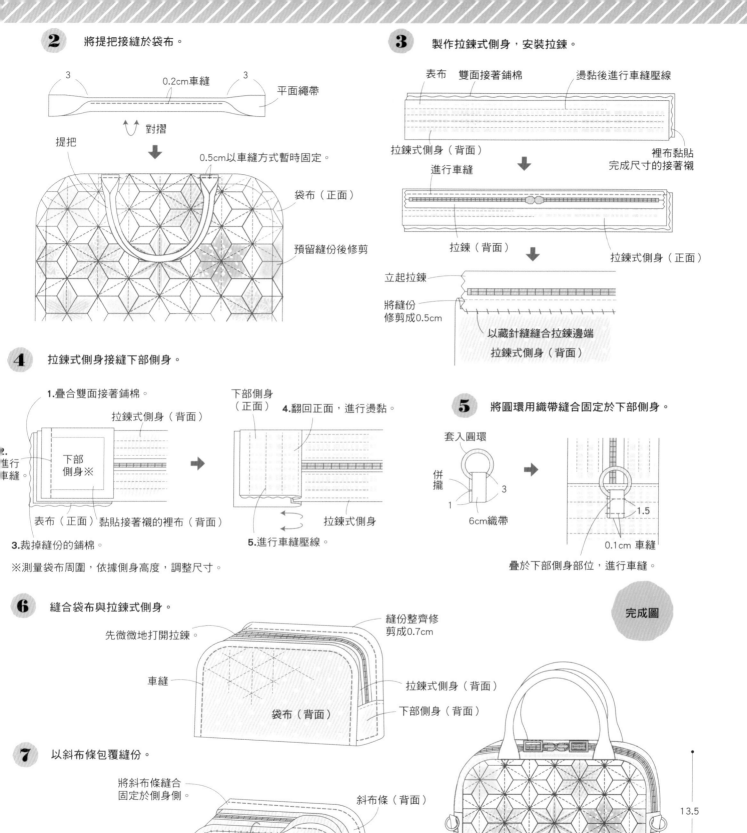

2 將提把接縫於袋布。

3　0.2cm車縫　3
平面繩帶

↑↓ 對摺

提把

0.5cm以車縫方式暫時固定。

袋布（正面）

預留縫份後修剪

3 製作拉鍊式側身，安裝拉鍊。

表布　雙面接著鋪棉　燙黏後進行車縫壓線

拉鍊式側身（背面）

裡布黏貼
完成尺寸的接著襯

進行車縫

拉鍊（背面）

拉鍊式側身（正面）

立起拉鍊

將縫份
修剪成0.5cm

以藏針縫縫合拉鍊邊端

拉鍊式側身（背面）

4 拉鍊式側身接縫下部側身。

1.疊合雙面接著鋪棉。

拉鍊式側身（背面）

下部側身
（正面）

4.翻回正面，進行燙黏。

2.進行車縫

下部側身※

表布（正面）黏貼接著襯的裡布（背面）

拉鍊式側身

3.裁掉縫份的鋪棉。

5.進行車縫壓線。

※測量袋布周圍，依據側身高度，調整尺寸。

5 將圓環用織帶縫合固定於下部側身。

套入圓環

併攏

1　3

6cm織帶

1.5

0.1cm 車縫

疊於下部側身部位，進行車縫。

6 縫合袋布與拉鍊式側身。

先微微地打開拉鍊。

縫份整齊修
剪成0.7cm

車縫

拉鍊式側身（背面）

下部側身（背面）

袋布（背面）

完成圖

7 以斜布條包覆縫份。

將斜布條縫合
固定於側身側。

斜布條（背面）

包覆縫份
以藏針縫縫於袋布側

袋布（背面）

13.5

7

24

原寸紙型**A**面

材　料

- 表布（米黃色格紋布）30cm×35cm
- 拼接用布　適量
- 鋪棉　25cm×40cm
- 雙面接著鋪棉20cm×35cm
- 裡布（米黃色格紋布）50cm×40cm
- 寬3.5cm 斜布條（茶色格紋布）130cm
- 接著襯（中厚）　15cm×35cm

- 拉鍊（長30cm）1條
- 方形環（內尺寸3cm）2個
- 調節環（內尺寸3cm）1個
- 平面繩帶（寬3cm）120cm

※布片預留縫份0.7cm，指定以外1cm。

袋布1片（表布、鋪棉、裡布）

壓線

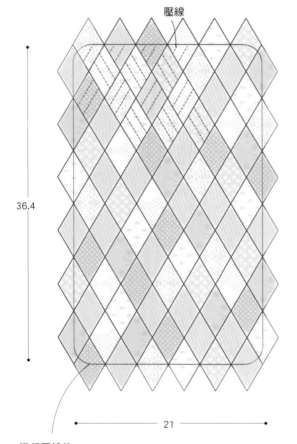

36.4

21

進行壓線後，
疊放紙型，作記號。
（由於壓縫收縮關係，圖案會呈現出不同的變化）

拉鍊式側身2片
（表布、雙面接著鋪棉、裡布、接著襯）

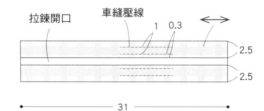

拉鍊開口　　車縫壓線　1　0.3

6　　2.5　2.5

31

下部側身2片
（表布、雙面接著鋪棉、裡布、接著襯）

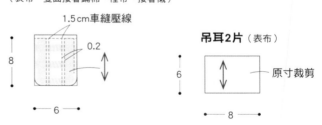

1.5cm車縫壓線　0.2

8　　6

吊耳2片（表布）

6　　原寸裁剪　8

作　法

1 拼接布片，進行壓線。

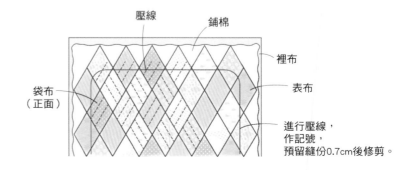

壓線　鋪棉　裡布　表布

袋布（正面）

進行壓線，作記號，預留縫份0.7cm後修剪。

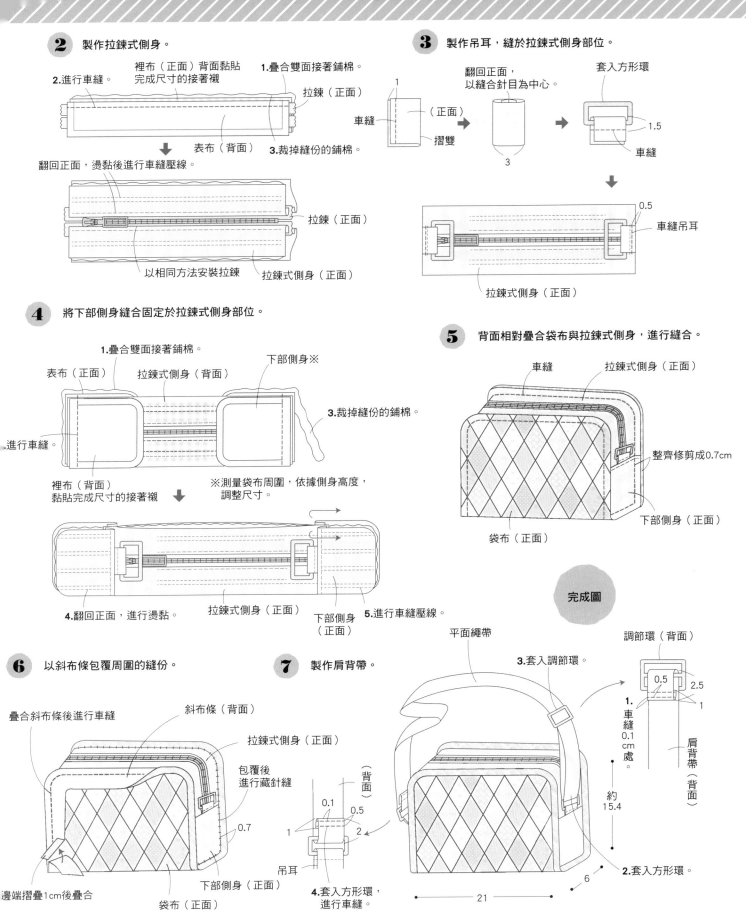

❷ 製作拉鍊式側身。

2.進行車縫。　　裡布（正面）背面黏貼　　1.疊合雙面接著鋪棉。
完成尺寸的接著襯

拉鍊（正面）

表布（背面）　　3.裁掉縫份的鋪棉。

翻回正面，燙黏後進行車縫壓線。

拉鍊（正面）

以相同方法安裝拉鍊　　拉鍊式側身（正面）

❸ 製作吊耳，縫於拉鍊式側身部位。

1　　翻回正面，　　套入方形環
以縫合針目為中心。

車縫　　（正面）　　1.5

摺雙　　車縫
3

0.5

車縫吊耳

拉鍊式側身（正面）

❹ 將下部側身縫合固定於拉鍊式側身部位。

1.疊合雙面接著鋪棉。

表布（正面）　　拉鍊式側身（背面）　　下部側身※

進行車縫。　　3.裁掉縫份的鋪棉。

裡布（背面）
黏貼完成尺寸的接著襯

※測量袋布周圍，依據側身高度，
調整尺寸。

4.翻回正面，進行燙黏。　　拉鍊式側身（正面）　　下部側身（正面）　　5.進行車縫壓線。

❺ 背面相對疊合袋布與拉鍊式側身，進行縫合。

車縫　　拉鍊式側身（正面）

整齊修剪成0.7cm

下部側身（正面）

袋布（正面）

完成圖

❻ 以斜布條包覆周圍的縫份。

疊合斜布條後進行車縫　　斜布條（背面）

拉鍊式側身（正面）

包覆後
進行藏針縫

0.7

邊端摺疊1cm後疊合　　下部側身（正面）

袋布（正面）

❼ 製作肩背帶。

（背面）

0.1　　0.5
1　　2

吊耳

4.套入方形環，
進行車縫。

平面繩帶　　3.套入調節環。　　調節環（背面）

0.5　　2.5

1.
車縫
0.1
cm
處　　肩
背
帶
約　　（背
15.4　　面
）

2.套入方形環。
6

◀━━━ 21 ━━━▶

49

材 料

- 表布（茶色印花布）25cm×60cm
- 拼接用布 適量
- 配色布（茶色格紋布）20cm×20cm
- 鋪棉 60cm×35cm
- 裡布（茶色印花布）85cm×20cm
  - 3.5cm×20cm斜布條 2條
  - 2cm×30cm斜布條 2條

- 胚布（白色素布）25cm×10cm
- 雙面接著鋪棉 20cm×10cm
- 接著襯（中厚）20cm×10cm
- 蛛網襯（極薄雙面接著襯） 20cm×10cm
- 紙襯（邊長1.2cm六角形）250片

※布片預留縫份0.5cm，指定以外1cm。

前袋布1片（表布、鋪棉、裡布）

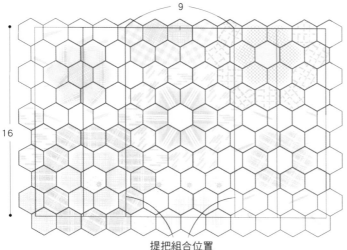

9
16
24
提把組合位置

後袋布1片（表布、鋪棉、裡布）

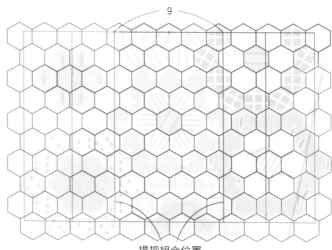

9
提把組合位置

提把2條（表布4片、鋪棉2片）

3.5
58

袋底1片（配色布、鋪棉、胚布、接著襯）
內底1片（裡布、厚接著襯、蛛網襯）

車縫壓線
8
20

作 法

 利用紙襯，拼縫布片，完成表布。進行壓線。

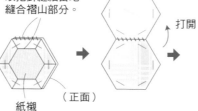

布片（背面）
疊放紙襯
摺疊縫份，以疏縫線依圖示縫製。
連同紙襯一起縫製。
正面相對，疊合2片，以捲針縫細密地縫合褶山部分。
（正面）
紙襯
（正面）
打開

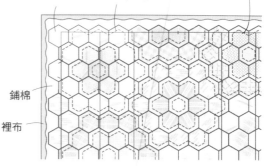

1.製作表布。
2.拆掉疏縫線，取下紙襯，進行壓線。
3.作記號，預留縫份後修剪。
鋪棉
裡布

2 縫合固定斜布條，處理袋口處。

3 製作提把，組合縫於袋布。

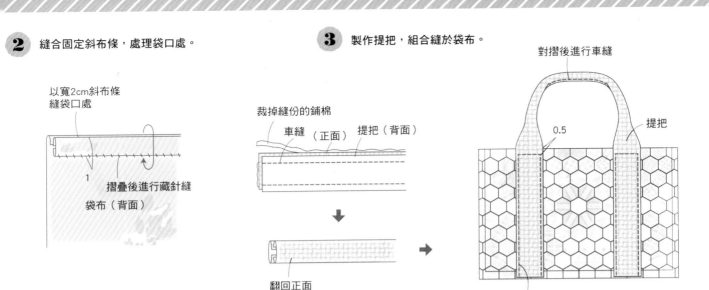

以寬2cm斜布條
縫袋口處

1

摺疊後進行藏針縫

袋布（背面）

裁掉縫份的鋪棉

車縫（正面）　提把（背面）

翻回正面

對摺後進行車縫

0.5

提把

疊於袋布上，車縫0.1cm處。

4 縫合袋布的脅邊。

5 進行袋底壓線後，與袋布進行縫合。

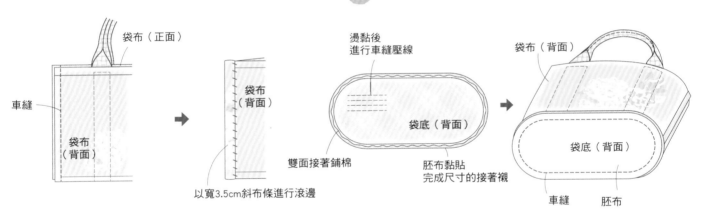

袋布（正面）

車縫

袋布
（背面）

袋布
（背面）

以寬3.5cm斜布條進行滾邊

燙黏後
進行車縫壓線

袋底（背面）

雙面接著鋪棉

胚布黏貼
完成尺寸的接著襯

袋布（背面）

袋底（背面）

車縫　胚布

6 製作內底後，縫合固定於袋底背面。

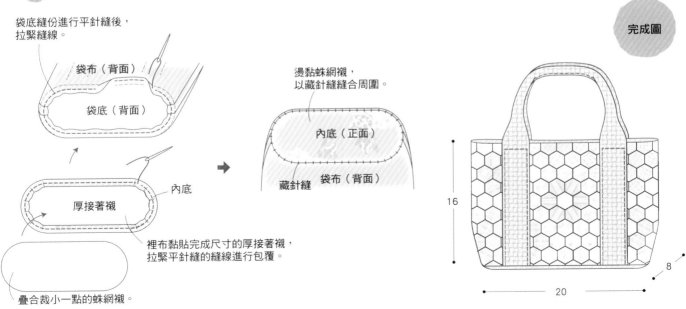

袋底縫份進行平針縫後，
拉緊縫線。

袋布（背面）

袋底（背面）

厚接著襯

內底

裡布黏貼完成尺寸的厚接著襯，
拉緊平針縫的縫線進行包覆。

疊合裁小一點的蛛網襯。

燙黏蛛網襯，
以藏針縫縫合周圍。

內底（正面）

藏針縫　袋布（背面）

完成圖

16

8

20

原寸紙型**A**面

材　料

- 貼布縫用布　適量
- a布（茶色織紋布）100cm×30cm
  2.5cm×30cm斜布條
- b布（茶色、黑色格紋布）30cm×25cm
- c布（黑色織紋布）10cm×70cm
- d布（焦茶色織紋布）20cm×25cm
- e布（茶色素布）10cm×5cm
- f布（卡其色花布）
  3.5cm×70cm斜布條 2條

- 鋪棉　40cm×30cm
- 雙面接著鋪棉40cm×70cm
- 裡布（抹茶色格紋布）40cm×70cm
  2.5cm×30cm斜布條2條
- 接著襯（中厚）　10cm×70cm
- D形環（內尺寸2cm）2個
- 磁釦（直徑2cm）1組
- 25號繡線（白色、橘色、綠色）
- 市售肩背帶（寬2.5cm）

※貼布縫作法請參照P.94。指定以外預留縫份1cm。

袋布2片（a布、雙面接著鋪棉、裡布）
口袋1片（b布、鋪棉、a布）

a布

24.5

1cm滾邊（f布）

b布

24

側身1片（c布、雙面接著鋪棉、裡布、接著襯）

0.7cm車縫壓線

32.5

c布

袋底中心摺雙

5.5

提把2條（d布4片、鋪棉2片）

☆

0.5

0.2

21

0.5

☆

0.5

2.5

釦絆1片（e布2片、鋪棉1片）

D形環吊耳2片（a布、接著襯）

a布

接著襯

5

4

5

2

作　法

1 製作提把。

修剪縫份的鋪棉

提把

車縫

（正面）

整齊修剪成0.5cm

（背面）

↓

0.2　0.5

翻回正面，進行車縫。

2 進行袋布車縫壓線後，接縫提把。

燙黏後進行車縫壓線

0.5cm車縫

☆　　　☆

以隨意曲線進行壓線

袋布（正面）

提把

雙面接著鋪棉

a布

裡布

3 將斜布條縫合固定於袋布的袋口處。

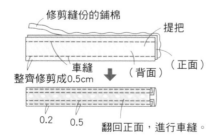

2.5

車縫

夾入提把

整齊修剪成0.7cm

裡布的斜布條（背面）

袋布（正面）

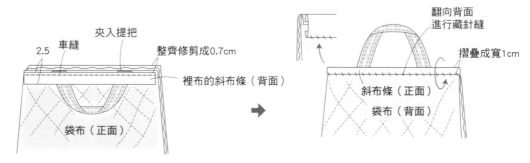

翻向背面進行藏針縫

摺疊成寬1cm

斜布條（正面）

袋布（背面）

→

4 製作釦絆。

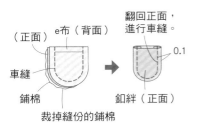

（正面）e布（背面）
翻回正面，進行車縫。
車縫
鋪棉
裁掉縫份的鋪棉
釦絆（正面）
0.1

5 進行口袋貼布縫後，進行壓線。
夾入釦絆，縫合固定斜布條。

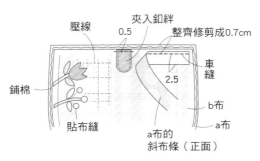

壓線
夾入釦絆
0.5
整齊修剪成0.7cm
鋪棉
車縫
2.5
貼布縫
b布
a布
a布的斜布條（正面）

6 處理口袋口部位。

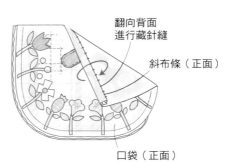

翻向背面進行藏針縫
斜布條（正面）
口袋（正面）

7 將口袋縫合固定於前袋布。

前袋布（正面）
疊合口袋後，以疏縫線固定口袋與袋布。

8 安裝磁釦。

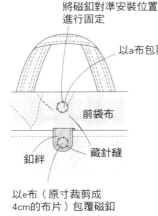

將磁釦對準安裝位置進行固定
以a布包覆磁釦
前袋布
釦絆
藏針縫
以e布（原寸裁剪成4cm的布片）包覆磁釦
※磁釦安裝方法請參照P.43。

9 縫合側身，進行車縫壓線。

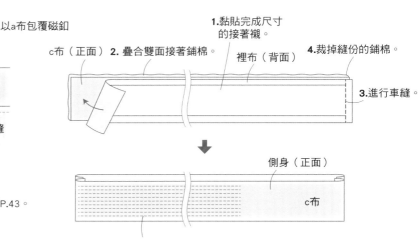

1.黏貼完成尺寸的接著襯。
c布（正面）
2. 疊合雙面接著鋪棉。
裡布（背面）
4.裁掉縫份的鋪棉。
3.進行車縫。

側身（正面）
c布
翻回正面，燙黏後，進行車縫壓線。

10 製作D形環的吊耳。

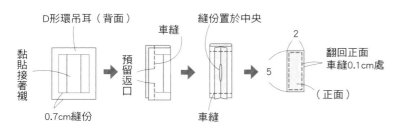

D形環吊耳（背面）
車縫
縫份置於中央
2
黏貼接著襯
預留返口
翻回正面車縫0.1cm處
0.7cm縫份
車縫
5
（正面）

11 將D形環吊耳縫合接縫於側身部位。

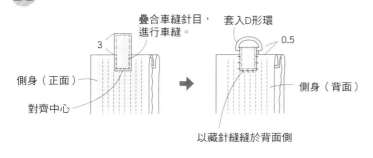

疊合車縫針目，進行車縫。
套入D形環
3
0.5
側身（正面）
側身（背面）
對齊中心
以藏針縫縫於背面側

12 正面相對疊合前袋布與側身，進行縫合。

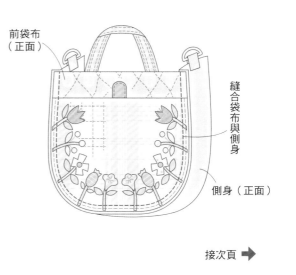

前袋布（正面）
縫合袋布與側身
側身（正面）

接次頁 ➡

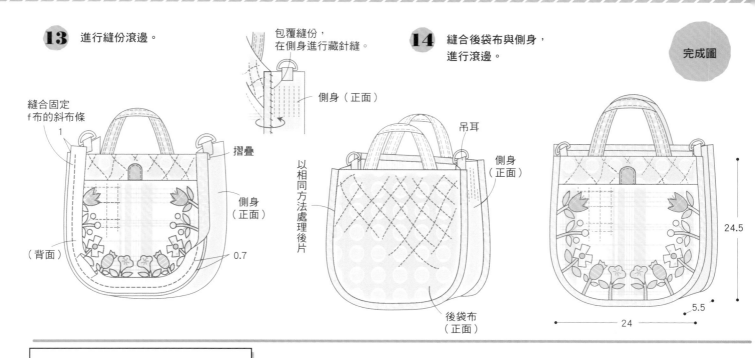

13 進行縫份滾邊。

縫合固定
f布的斜布條
1

摺疊

側身（正面）

（背面）

0.7

包覆縫份，
在側身進行藏針縫。

側身（正面）

以相同方法處理後片

14 縫合後袋布與側身，
進行滾邊。

完成圖

吊耳

側身
（正面）

後袋布
（正面）

側身
（正面）

24.5

5.5

24

P.10 6 | 紅花手拿包

原寸紙型A面

材 料

- 貼布縫用布　適量
- 表布（黑白格紋布）80cm×35cm
　　　3.5cm×40cm斜布條　2條
- 鋪棉　40cm×40cm
- 裡布（紅色格紋布）80cm×35cm

- 接著襯（中厚）　30cm×15cm
- 口金（寬27cm）1組
- 25號繡線（卡其色）
- 燭心線（米黃色棉線）

※貼布縫作法請參照P.94。
　指定以外預留縫份1cm。

刺繡花心的絨毛繡繡法

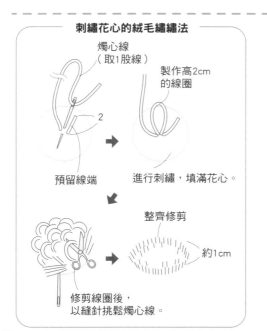

燭心線
（取1股線）

製作高2cm
的線圈

2

預留線端

進行刺繡，填滿花心。

整齊修剪

約1cm

修剪線圈後，
以縫針挑鬆燭心線。

袋布1片（表布、鋪棉、裡布）

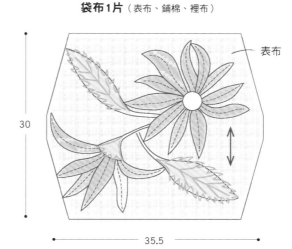

表布

30

35.5

側身2片
（表布、接著襯、裡布）

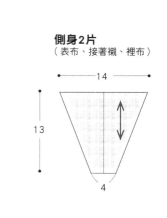

14

13

4

1 在袋布上進行貼布縫後，進行刺繡（花心除外）。
進行壓線後，刺繡花心。

2 袋口部位摺成三褶後進行藏針縫。

前袋布

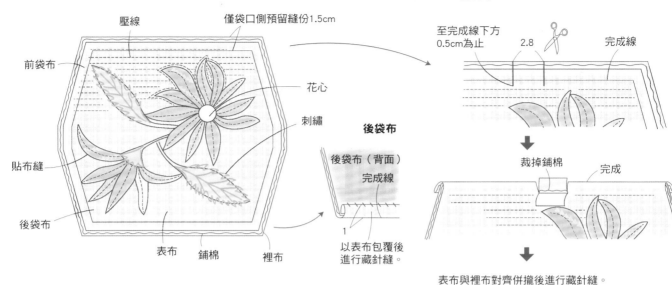

3 製作側身。完成後，正面相對疊合袋布，進行縫合。

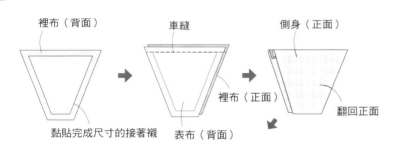

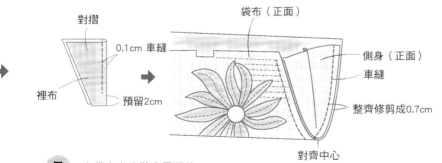

4 進行縫份滾邊。

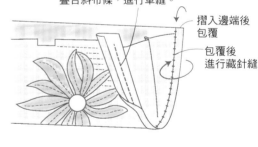

5 在袋布上安裝金屬配件。

完成圖

原寸紙型A面

材 料

- 表布（灰色織紋布）80cm×35cm
- 拼接、拉鍊端布用布 適量
- 配色布（淺茶色、藍色格紋布）90cm×15cm
- 鋪棉 40cm×35cm
- 雙面接著鋪棉 90cm×45cm
- 裡布（灰色格紋布）90cm×55cm
- 接著襯（中厚） 90cm×10cm
- 接著襯（薄） 40cm×20cm

- 雙面接著襯 35cm×20cm
- 拉鍊（長39cm）1條
- 平面繩帶（寬4cm）76cm

※布片預留縫份0.7cm，指定以外1cm。

前袋布1片（表布、鋪棉、裡布）

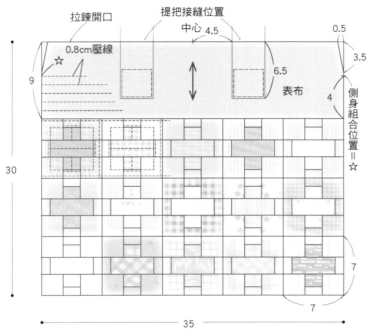

裡側貼邊2片（裡布、雙面接著襯）

後袋布1片
（表布、雙面接著鋪棉、裡布）

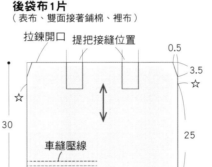

側身1片
（配色布、雙面接著鋪棉、裡布、接著襯）

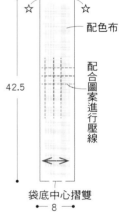

作 法

1 拼接布片，完成表布。
進行壓線，完成前袋布。

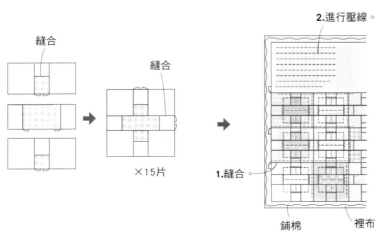

2 縫合側身，進行車縫壓線。

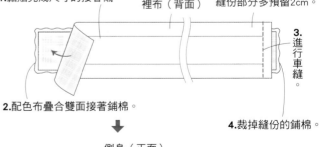

1.黏貼完成尺寸的接著襯。

2.配色布疊合雙面接著鋪棉。

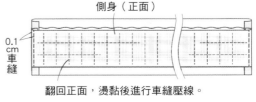

翻回正面，燙黏後進行車縫壓線。

3 縫合前袋布與側身。

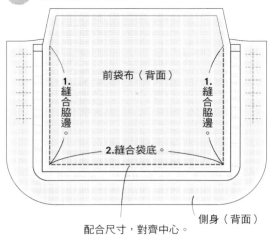

前袋布（背面）

1.縫合脇邊。

1.縫合脇邊。

2.縫合袋底。

配合尺寸，對齊中心。

側身（背面）

4 疊合袋布與裡側貼邊，進行縫合。

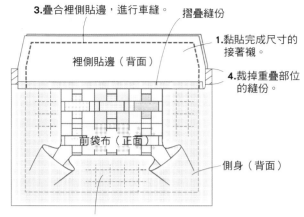

3.疊合裡側貼邊，進行車縫。

摺疊縫份

1.黏貼完成尺寸的接著襯。

裡側貼邊（背面）

4.裁掉重疊部位的縫份。

前袋布（正面）

側身（背面）

2.側身倒向內側後，疊放裡側貼邊。

5 將裡側貼邊翻回正面，處理袋布的縫份。

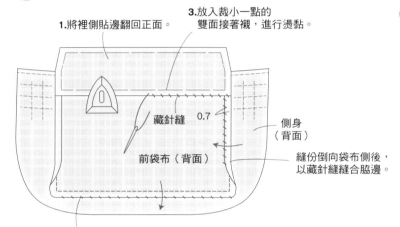

1.將裡側貼邊翻回正面。

3.放入裁小一點的雙面接著襯，進行燙黏。

藏針縫　0.7

前袋布（背面）

側身（背面）

縫份倒向袋布側後，以藏針縫縫合脇邊。

2.以側身縫份包覆縫份後，以藏針縫縫於側身側。

6 製作後袋布，完成後以相同方法進行縫合。

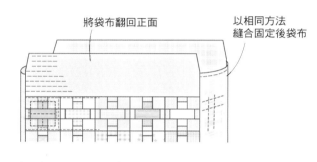

將袋布翻回正面

以相同方法縫合固定後袋布

※表布與裡布之間夾入雙面接著鋪棉，以熨斗燙黏，進行車縫壓線，完成後袋布。

7 接縫提把。

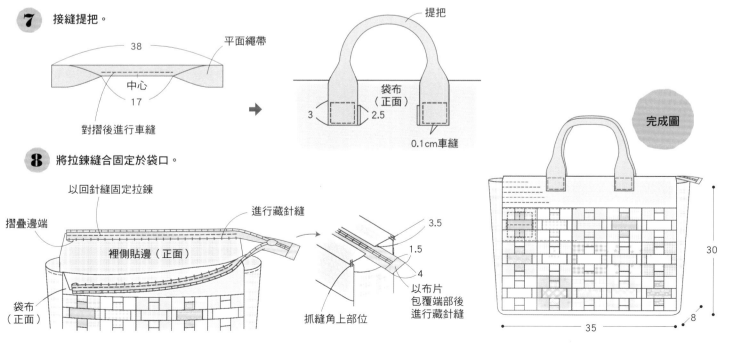

平面繩帶

38

中心

17

對摺後進行車縫

提把

袋布（正面）

3　　2.5

0.1cm車縫

8 將拉鍊縫合固定於袋口。

以回針縫固定拉鍊

摺疊邊端

進行藏針縫

裡側貼邊（正面）

袋布（正面）

抓縫角上部位

3.5

1.5

4

以布片包覆端部後進行藏針縫

完成圖

30

35

8

材 料

- 表布（燈芯絨藍色水玉圖案）45cm×95cm
- 配色布（灰色織紋布）30cm×35cm
- 裡布（藍色印花布）75cm×95cm
- 滾邊布（灰色格紋布）30cm×3.5cm
- 鋪棉　45cm×85cm
- 提把（60cm）1組
- 接著襯（薄）　25cm×35cm
- 25號繡線（藏青色）

原寸紙型B面

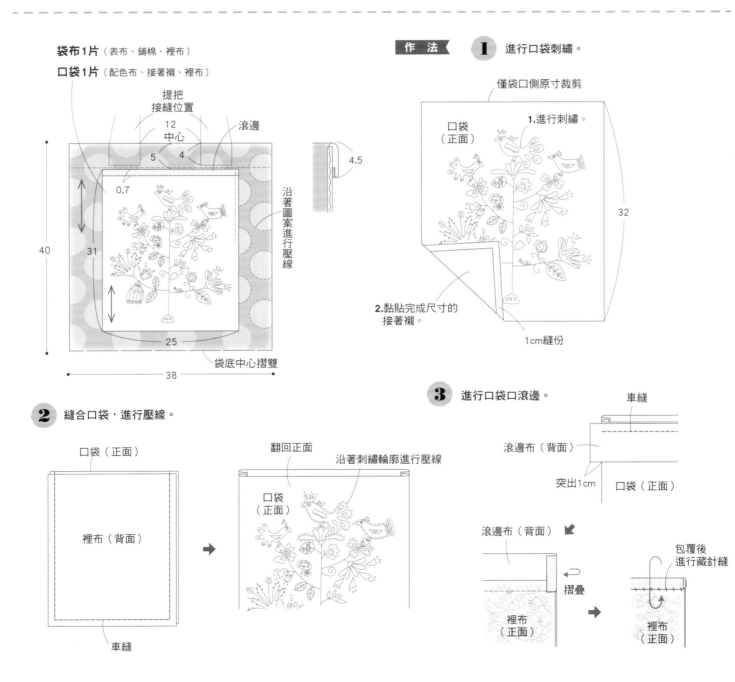

袋布1片（表布、鋪棉、裡布）

口袋1片（配色布、接著襯、裡布）

提把
接縫位置

12
中心

滾邊

5　4

0.7

沿著圖案進行壓線

40　31

25

38

袋底中心摺雙

4.5

作 法　**①** 進行口袋刺繡。

僅袋口側原寸裁剪

口袋（正面）

1.進行刺繡。

32

2.黏貼完成尺寸的接著襯。

1cm縫份

② 縫合口袋，進行壓線。

口袋（正面）

裡布（背面）

車縫

翻回正面

沿著刺繡輪廓進行壓線

口袋（正面）

③ 進行口袋口滾邊。

車縫

滾邊布（背面）

突出1cm

口袋（正面）

滾邊布（背面）

摺疊

裡布（正面）

包覆後進行藏針縫

裡布（正面）

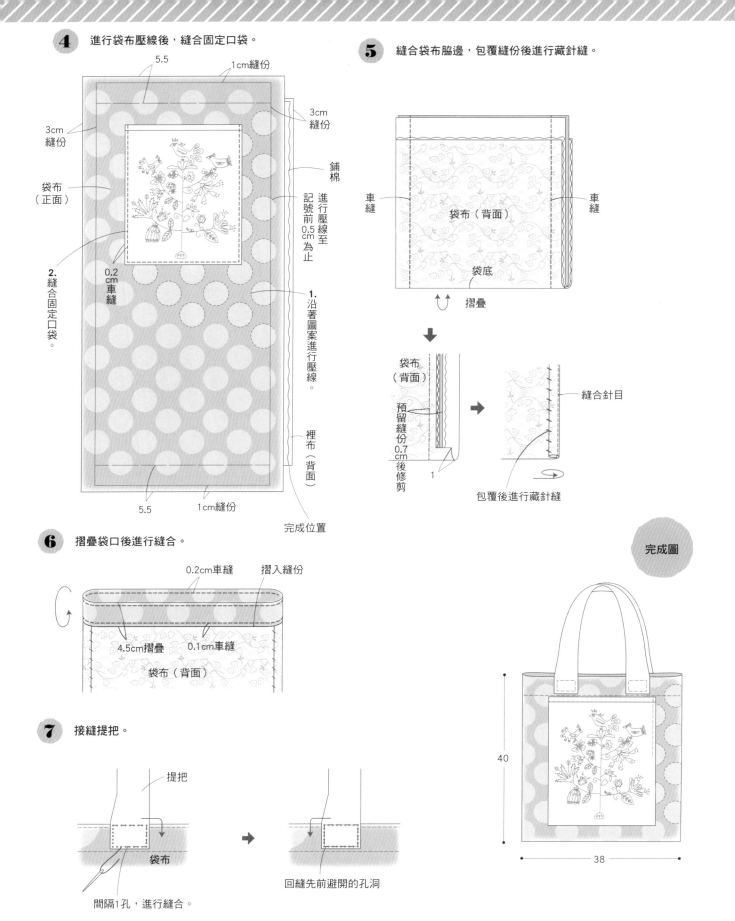

4 進行袋布壓線後，縫合固定口袋。

5.5

1cm縫份

3cm
縫份

3cm
縫份

袋布
（正面）

鋪棉

進行壓線至記號前0.5cm為止

2.縫合固定口袋。

0.2cm車縫

1.沿著圖案進行壓線。

裡布
（背面）

5.5

1cm縫份

完成位置

5 縫合袋布脇邊，包覆縫份後進行藏針縫。

車縫

袋布（背面）

車縫

袋底

摺疊

袋布
（背面）

預留縫份0.7cm後修剪

1

縫合針目

包覆後進行藏針縫

6 摺疊袋口後進行縫合。

0.2cm車縫

摺入縫份

4.5cm摺疊

0.1cm車縫

袋布（背面）

7 接縫提把。

提把

袋布

間隔1孔，進行縫合。

回縫先前避開的孔洞

完成圖

40

38

原寸紙型A面

材 料

- 貼布縫用布 適量
- 表布（灰色水玉圖案）20cm×30cm
- 配色布（灰色花圖案）60cm×35cm
- 滾邊用布（灰色格紋布）
  3.5cm×25cm斜布條 2條
- 吊耳用布（灰色格紋布）10cm×5cm
- 鋪棉 20cm×30cm
- 雙面接著鋪棉 60cm×25cm
- 裡布（米黃色格紋布）80cm×30cm

- 接著襯（中厚） 60cm×25cm
- domett鋪棉 5cm×10cm
- 蕾絲（寬1.5cm／白色）10cm
- 皮繩（寬0.5cm） 85cm
- 拉鍊（長22cm）1條
- 環狀裝飾 1個
- 25號繡線（紅色、粉紅色、銀色·
  金茶色、米黃色、藍色、淺粉紅色）

※貼布縫作法請參照P.94。
　指定以外預留縫份1cm。

前袋布1片
（表布、鋪棉、裡布）

壓線

表布

23.5

16

後袋布1片
（配色布、雙面接著鋪棉、
裡布、接著襯）

23.5

16

1.5
cm
方格狀車縫壓線

拉鍊式側身2片
（配色布、雙面接著鋪棉、裡布、接著襯）

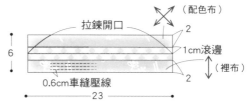

拉鍊開口

（配色布）

2

1cm滾邊

（裡布）

2

0.6cm車縫壓線

6

23

下部側身1片（配色布、雙面接著鋪棉、裡布、接著襯）

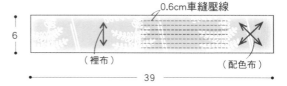

0.6cm車縫壓線

（裡布）

（配色布）

6

39

吊耳2片（吊耳用布、鋪棉）

原寸裁剪

5

←5→

作 法

1 製作袋布。

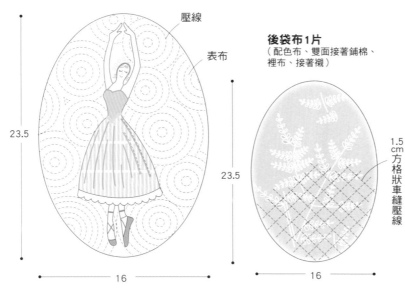

貼布縫

壓線

刺繡

前袋布（正面）

表布

鋪棉

裡布

疊放裙部
進行貼布縫

貼布縫圖案
描畫

縫合蕾絲

※配色布與黏貼完成尺寸接著襯的裡布之間，夾入雙面接著鋪棉，
　以熨斗燙黏，進行壓線，完成後片袋布。

2 完成拉鍊式側身壓線後，進行袋口滾邊。

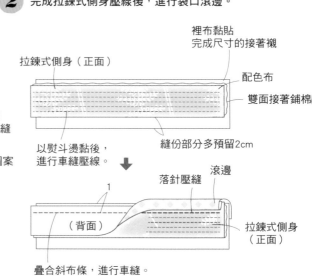

拉鍊式側身（正面）

裡布黏貼
完成尺寸的接著襯

配色布

雙面接著鋪棉

以熨斗燙黏後，
進行車縫壓線。

縫份部分多預留2cm

1

落針壓縫

滾邊

（背面）

拉鍊式側身
（正面）

疊合斜布條，進行車縫。

3 將拉鍊縫合固定於拉鍊式側身部位。

以回針縫縫合固定拉鍊　拉鍊（背面）

裡布

拉鍊式側身（背面）

以藏針縫縫住邊端　　　併攏滾邊部位

4 製作吊耳。車縫固定於拉鍊式側身部位。

吊耳（正面）　鋪棉

車縫內側

裁剪成0.5cm

裁掉縫份的鋪棉

翻回正面

0.1cm車縫

吊耳（正面）

摺疊

車縫

1.5

車縫吊耳

拉鍊式側身（正面）

5 進行下部側身車縫壓線。

裡布（背面）
黏貼完成尺寸的接著襯。

縫份部分多預留2cm

配色布

下部側身（正面）　雙面接著鋪棉

以熨斗燙黏後進行車縫壓線

※測量袋布周圍，調節側身尺寸。

6 縫合拉鍊式側身與下部側身。

拉鍊式側身

縫合至0.5cm之前為止。

下部側身（背面）

車縫

拉鍊式側身（正面）　下部側身（背面）

縫合

縫份倒向下部側身包覆後進行藏針縫

縫合固定裡布的直紋布

下部側身（背面）　拉鍊式側身（背面）

1

7 縫合前袋布與下部側身。

拉鍊式側身（正面）

車縫

下部側身（背面）　前袋布（正面）

8 縫合後袋布與下部側身。

事先打開拉鍊

整齊修剪成0.7cm

後袋布（背面）

下部側身（背面）

車縫

以下部側身的裡布包覆進行藏針縫

9 將皮繩穿過吊耳後，進行縫合。

將皮繩穿過吊耳

85cm皮繩

重疊0.5cm後進行縫合，由上往下繞線。

將皮繩端部藏入吊耳部位。

完成圖

固定環狀裝飾

23.5

16

6

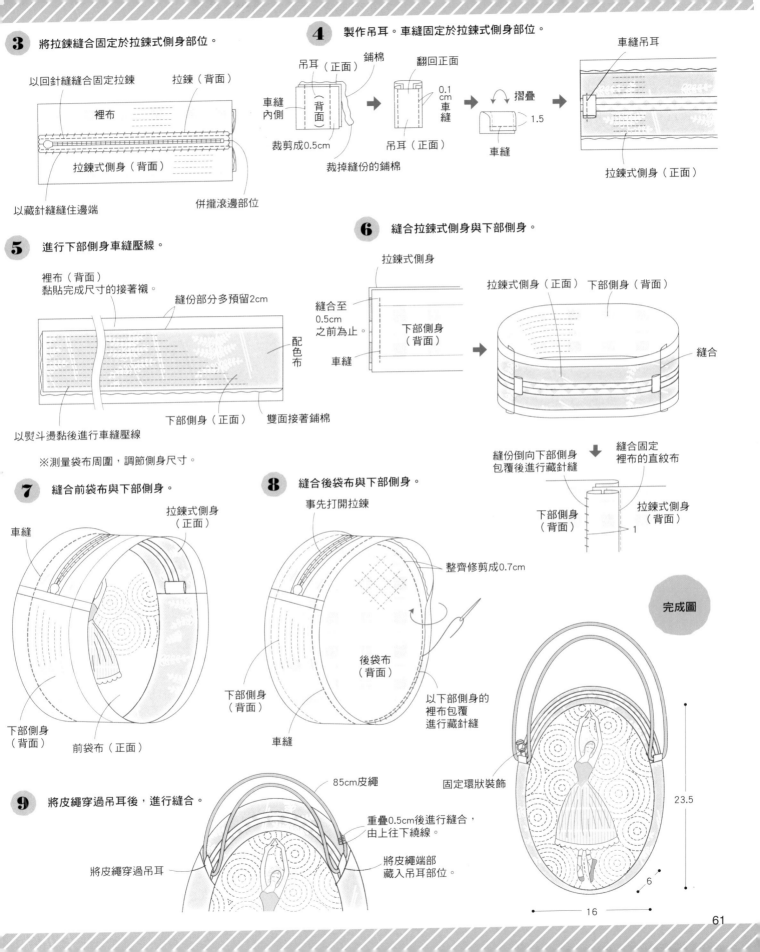

原寸紙型A面

材 料

- 花瓣（水藍色系 合計）35cm×35cm
- 貼布縫用布 適量
- 表布（灰色格紋布）30cm×35cm
- 配色布a（灰色織紋布）30cm×15cm
- 配色布b（茶色格紋布）25cm×20cm
- 鋪棉 30cm×50cm
- 裡布（水藍色格紋布）30cm×50cm

- 滾邊用布（紫色水玉圖案）3.5cm×30cm斜布條 2條
- 接著襯（中厚） 10cm×10cm
- 雙頭拉鍊（長25cm）1條
- 金屬配件1組
- 25號繡線（淺綠色、灰色、深灰色、綠色、
　　　　　　黑色、米黃色、黃綠色、藍色、深綠色）

※貼布縫作法請參照P.94。
　花朵預留縫份0.5cm。指定以外1cm。

袋布1片（表布、鋪棉、裡布）

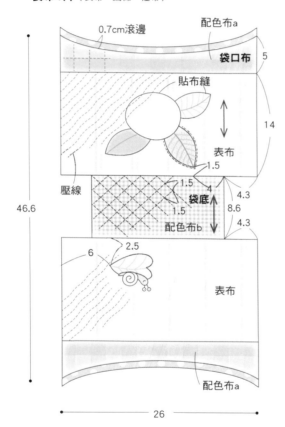

作 法

① 進行貼布縫，縫合剪接部分，完成表布。
進行壓線。

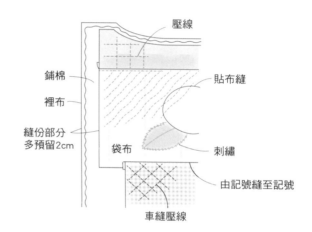

② 製作花朵後，在袋布上一邊進行刺繡、一邊縫合固定。

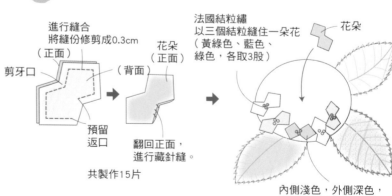

進行縫合
將縫份修剪成0.3cm
（正面）
剪牙口
（背面）
花朵（正面）
預留返口
翻回正面，進行藏針縫。
共製作15片

法國結粒繡
以三個結粒縫住一朵花
（黃綠色、藍色、綠色，各取3股）
花朵

內側淺色，外側深色，非常協調地縫合固定。

③ 進行袋口滾邊。

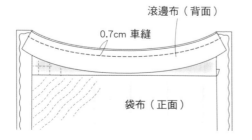

滾邊布（背面）
0.7cm 車縫
袋布（正面）

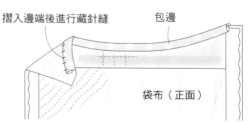

摺入邊端後進行藏針縫
包邊
袋布（正面）

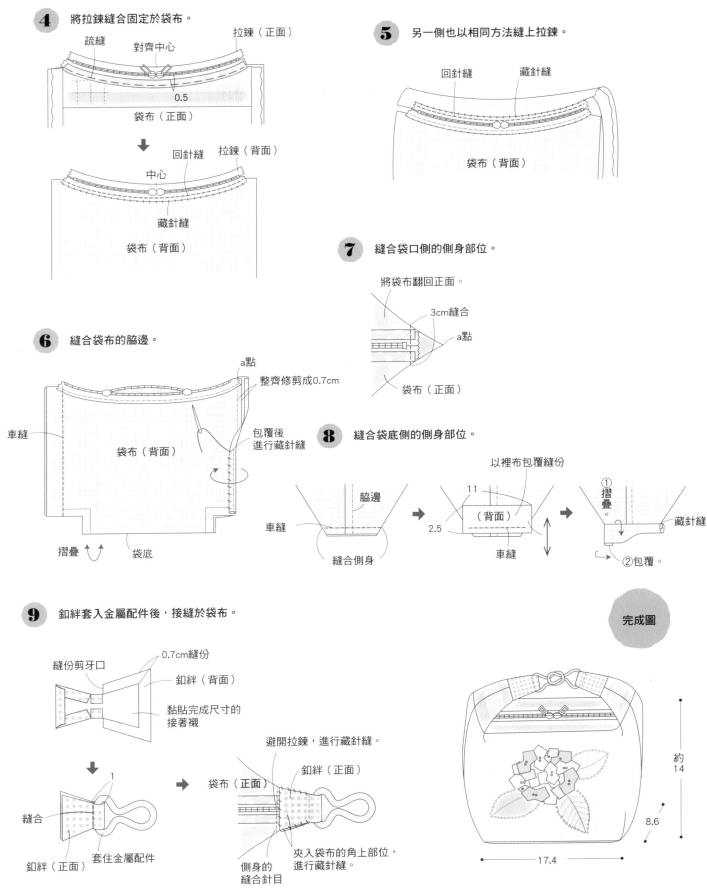

4 將拉鍊縫合固定於袋布。

疏縫　　對齊中心　　　　拉鍊（正面）

0.5

袋布（正面）

↓

回針縫　　拉鍊（背面）

中心

藏針縫

袋布（背面）

5 另一側也以相同方法縫上拉鍊。

回針縫　　　藏針縫

袋布（背面）

6 縫合袋布的脇邊。

a點

整齊修剪成0.7cm

車縫

袋布（背面）

包覆後
進行藏針縫

摺疊　　袋底

7 縫合袋口側的側身部位。

將袋布翻回正面。

3cm縫合

a點

袋布（正面）

8 縫合袋底側的側身部位。

以裡布包覆縫份

脇邊

11

車縫

（背面）

2.5

車縫

①摺疊。

藏針縫

②包覆。

縫合側身

9 釦絆套入金屬配件後，接縫於袋布。

0.7cm縫份

縫份剪牙口

釦絆（背面）

黏貼完成尺寸的
接著襯

↓

1

縫合

釦絆（正面）

套住金屬配件

避開拉鍊，進行藏針縫。

釦絆（正面）

袋布（正面）

側身的
縫合針目

夾入袋布的角上部位，
進行藏針縫。

完成圖

約
14

8.6

17.4

原寸紙型B面

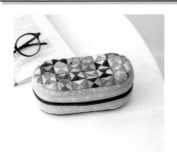

材 料

- 拼接用布
　（深色 合計）30cm×20cm
　（淺色 合計）30cm×20cm
- 表布（灰色水玉圖案）35cm×20cm
- 配色布（茶色印花布）20cm×10cm
- 鋪棉　20cm×15cm
- 胚布（白色素布）35cm×20cm

- 裡布（灰色印花）50cm×20cm
- 雙面接著鋪棉35cm×20cm
- 接著襯（厚）　45cm×15cm
- 彈性單膠薄襯　45cm×15cm
- 拉鍊（長30cm）1條
- 織帶（寬1.8cm）10cm

※布片預留縫份0.5cm，指定以外1cm。

表盒蓋1片（表布、鋪棉、胚布）
裡盒蓋1片（裡布、彈性單膠薄襯）

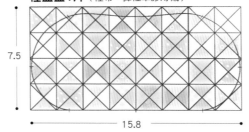

7.5

15.8

表盒底1片
（配色布、雙面接著鋪棉、厚接著襯、胚布）
裡盒底1片（裡布、彈性單膠薄襯）

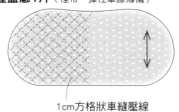

1cm方格狀車縫壓線

拉鍊表側身2片
（表布、雙面接著鋪棉、厚接著襯、胚布）
拉鍊裡側身2片（裡布、彈性單膠薄襯）

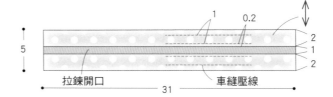

拉鍊開口　　　　31　　　　車縫壓線

5

表側身1片
（表布、雙面接著鋪棉、
厚接著襯、胚布）
裡側身1片
（裡布、彈性單膠薄襯）

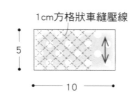

1cm方格狀車縫壓線
5
10

作 法

1 拼接布片，進行壓線，完成盒蓋。
製作盒底。

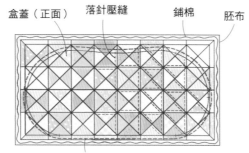

盒蓋（正面）　落針壓縫　鋪棉　胚布

縫合記號周圍，預留縫份1cm，進行裁剪。

2 縫合裡盒蓋周圍，包覆薄襯。
裡盒底也以相同方法完成製作。

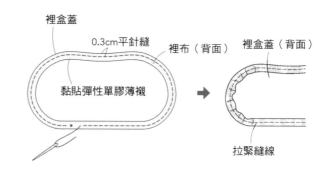

裡盒蓋
0.3cm平針縫　裡布（背面）　裡盒蓋（背面）
黏貼彈性單膠薄襯
拉緊縫線

※配色布與黏貼完成尺寸接著襯的胚布之間，夾入雙面接著鋪棉，
　以熨斗燙黏，進行車縫壓線，完成盒底。

3 進行拉鍊側身部分的車縫壓線後，安裝拉鍊。

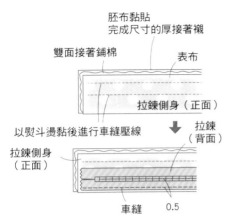

胚布黏貼完成尺寸的厚接著襯
雙面接著鋪棉
表布
拉鍊側身（正面）
以熨斗燙黏後進行車縫壓線
拉鍊（背面）
拉鍊側身（正面）
車縫　0.5

4 縫合固定裡側身。

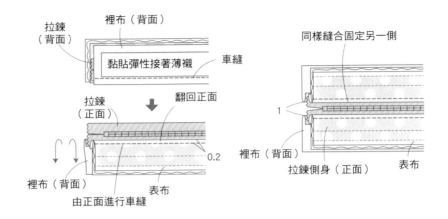

拉鍊（背面）
裡布（背面）
黏貼彈性接著薄襯
車縫
拉鍊（正面）
翻回正面
裡布（背面）
表布
由正面進行車縫
0.2

5 以相同方法縫合固定另一側。

同樣縫合固定另一側
1
裡布（背面）
拉鍊側身（正面）
表布

6 進行側身部位車縫壓線後，車縫固定吊耳。

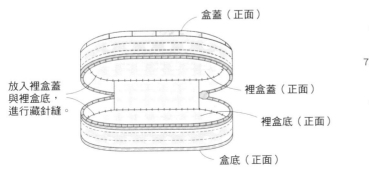

胚布黏貼完成尺寸的厚接著襯
雙面接著鋪棉
表布
2.5
5cm織帶摺疊後夾縫
側身（正面）
車縫壓線

7 將側身縫於拉鍊式側身部位。

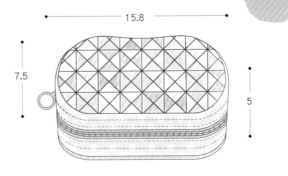

裡側身（正面）黏貼完成尺寸的彈性單膠薄襯
側身（背面）
以側身夾住後，進行車縫。
胚布
拉鍊側身（正面）
拉鍊側身（正面）
裡側身（正面）
翻回正面
摺疊縫份，進行藏針縫。
車縫

8 縫合盒蓋、拉鍊式側身、盒底。

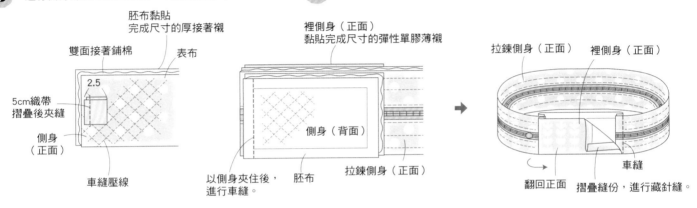

車縫
整齊修剪成0.7cm
盒蓋（背面）
胚布
事先打開拉鍊
裡拉鍊側身（正面）
表側身（正面）
車縫
盒底（正面）
摺疊縫份，進行疏縫藏針縫。
盒蓋（背面）
拉鍊裡側身（正面）
裡側身（正面）

9 將裡盒蓋、裡盒底，放入盒蓋、盒底，進行藏針縫。

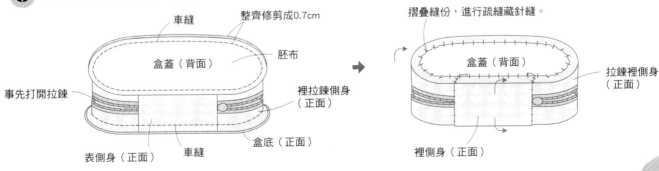

盒蓋（正面）
放入裡盒蓋與裡盒底，進行藏針縫。
裡盒蓋（正面）
裡盒底（正面）
盒底（正面）

完成圖

15.8
7.5
5

材 料

- 拼接用布
  （深紫色）20cm×25cm
  （水藍色系）30cm×20cm
  （米黃色系）30cm×20cm
- 橫條紋布（黃色印花布）30cm×25cm
- 底布（藏青色素布）20cm×10cm
- 鋪棉　25cm×25cm

- 裡布（白色素布）25cm×25cm
- 裡袋用布（茶色印花布）25cm×25cm
- 拉鍊（長23cm）1組
- 合成皮（藏青色）3.5cm×8cm
- 醫生口金（寬17cm、高2.5cm）1組

※布片預留縫份0.7cm，指定以外1cm。

袋布1片（表布、鋪棉、裡布）
裡袋1片

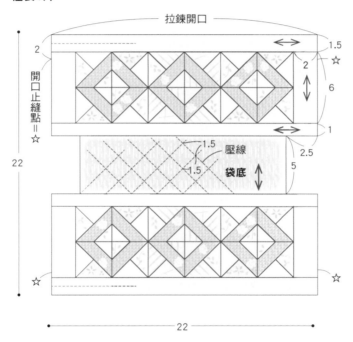

作 法

1 拼接布片後，與袋底進行縫合，完成表布。
進行壓線，完成袋布。

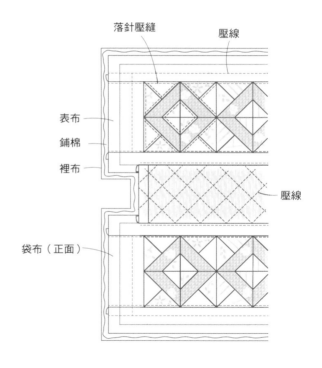

落針壓縫　　壓線
表布
鋪棉
裡布
壓線
袋布（正面）

2 縫合袋布的脇邊，縫合側身。

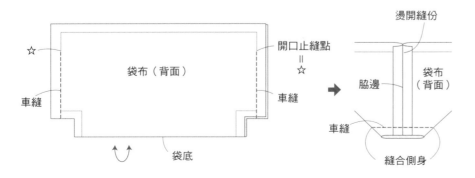

3 縫合裡袋的脇邊，縫合側身。

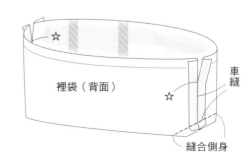

4 將拉鍊縫合固定於袋布。

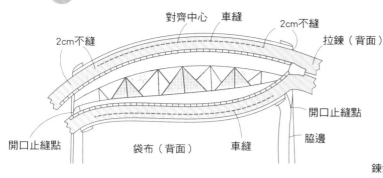

2cm不縫　對齊中心　車縫　2cm不縫
拉鍊（背面）
開口止縫點
脇邊
開口止縫點
袋布（背面）　車縫

5 將裡袋放入袋布，縫合袋口部位。

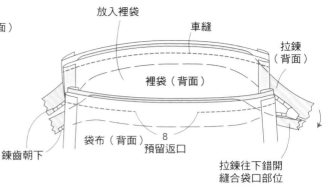

放入裡袋　車縫　拉鍊（背面）
裡袋（背面）
鍊齒朝下
袋布（背面）　8　預留返口
拉鍊往下錯開
縫合袋口部位

6 翻回正面，袋口車縫針目。

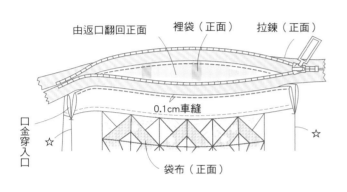

由返口翻回正面　裡袋（正面）　拉鍊（正面）
0.1cm車縫
口金穿入口
☆　☆
袋布（正面）

7 穿入口金。

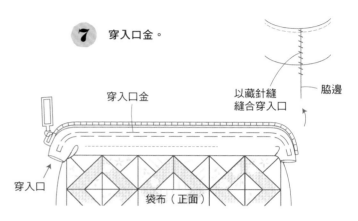

脇邊
穿入口金　以藏針縫縫合穿入口
穿入口
袋布（正面）

8 夾縫拉鍊端部。

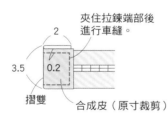

夾住拉鍊端部後進行車縫。
2
3.5　0.2
摺雙　合成皮（原寸裁剪）

原寸紙型

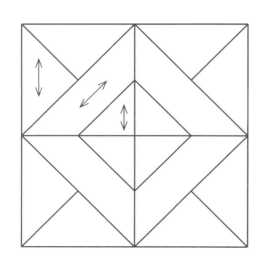

完成圖

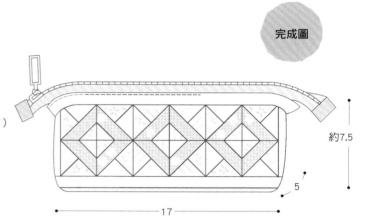

約7.5
5
17

材 料

- 貼布縫用布 適量
- 拼接用布
  （灰色）25cm×10cm
  （淺色 合計）25cm×10cm
- 表布（灰色水玉圖案）40cm×15cm
- 配色布a（灰色印花布）20cm×10cm
- 配色布b（灰色格紋布）35cm×10cm

- 鋪棉　35cm×35cm
- 裡布（米黃色印花布）35cm×35cm
- 口金（寬15cm 高7cm）1個
- 25號繡線（白色、米黃色）

※布片預留縫份0.7cm，指定以外1cm。

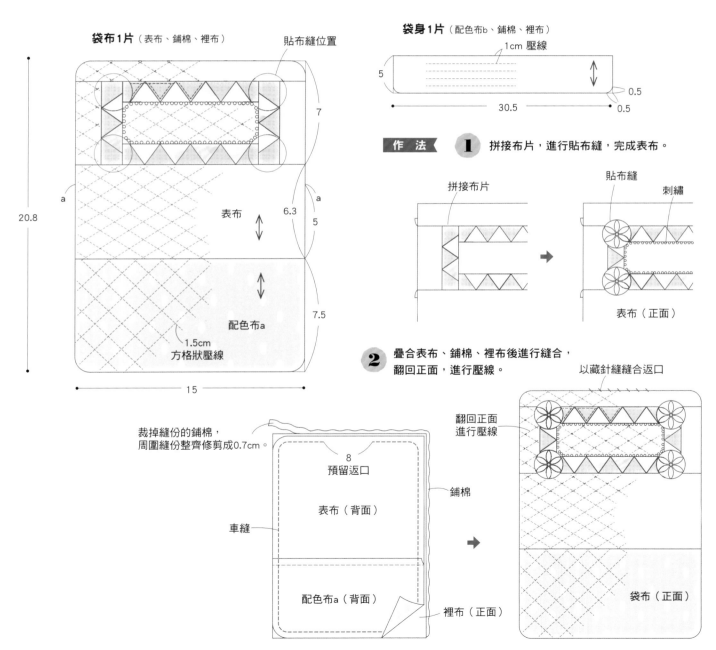

袋布1片（表布、鋪棉、裡布）　貼布縫位置

袋身1片（配色布b、鋪棉、裡布）
1cm 壓線
5
30.5
0.5
0.5

7
表布
6.3
5
7.5
20.8
a
a
1.5cm
方格狀壓線
配色布a
15

作 法

1 拼接布片，進行貼布縫，完成表布。

拼接布片　　貼布縫　刺繡
表布（正面）

2 疊合表布、鋪棉、裡布後進行縫合，
翻回正面，進行壓線。

以藏針縫縫合返口

裁掉縫份的鋪棉，
周圍縫份整齊修剪成0.7cm。

8
預留返口
表布（背面）
車縫
配色布a（背面）
裡布（正面）
鋪棉

翻回正面
進行壓線

袋布（正面）

原寸紙型

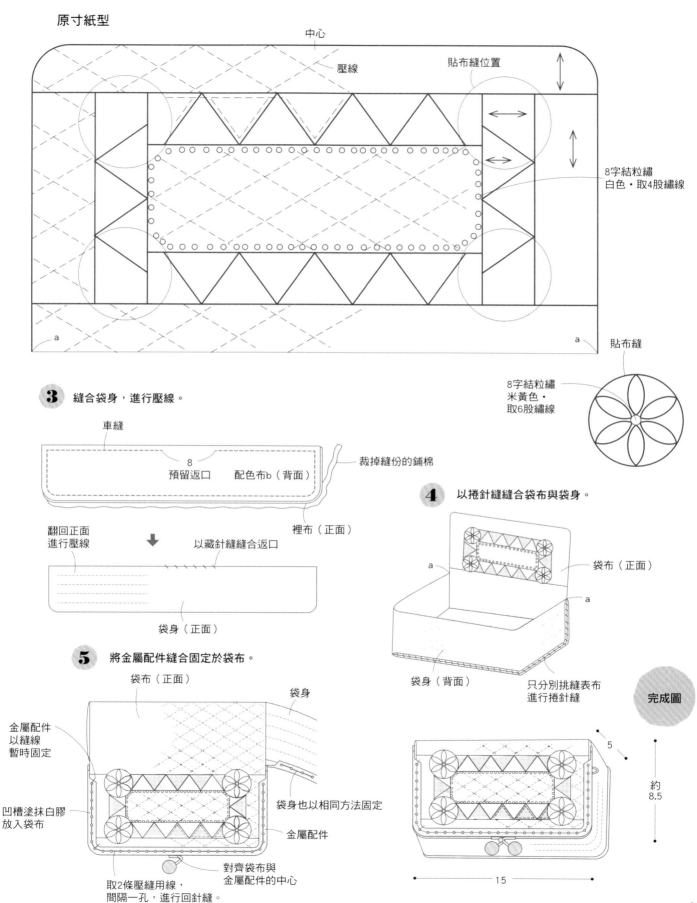

中心

壓線

貼布縫位置

8字結粒繡
白色・取4股繡線

a

a

貼布縫

8字結粒繡
米黃色・
取6股繡線

3 縫合袋身，進行壓線。

車縫

8
預留返口　　配色布b（背面）

裁掉縫份的鋪棉

裡布（正面）

翻回正面
進行壓線

以藏針縫縫合返口

袋身（正面）

4 以捲針縫縫合袋布與袋身。

袋布（正面）

a

a

袋身（背面）

只分別挑縫表布
進行捲針縫

5 將金屬配件縫合固定於袋布。

袋布（正面）

袋身

金屬配件
以縫線
暫時固定

凹槽塗抹白膠
放入袋布

袋身也以相同方法固定

金屬配件

取2條壓縫用線，
間隔一孔，進行回針縫。

對齊袋布與
金屬配件的中心

完成圖

5

約
8.5

15

 材 料

- 表布（灰色織紋布）25cm×25cm
- 貼布縫用布（灰色素布）適宜
- 鋪棉　25cm×13cm
- 雙面接著鋪棉　25cm×13cm
- 裡布（茶色格紋布）25cm×25cm
  2.5cm×50cm斜布條
- 接著襯（薄）25cm×15cm
- 拉鍊（長20cm）1條
- 25號繡線（灰藍色）

※貼布縫作法請參照P.94。
　指定以外預留縫份1cm。

作 法

① 完成貼布縫與刺繡後，進行壓線，完成袋布。

前袋布（正面）

1.進行貼布縫後，進行刺繡。

裡布

縫份部分
多預留2cm
（僅前袋布）

2.進行壓線。

鋪棉

※表布與黏貼完成尺寸接著襯的裡布之間，夾入雙面接著鋪棉，
　以熨斗燙黏，進行車縫壓線，完成後袋布。

② 疊合前袋布與後袋布，縫合周圍。

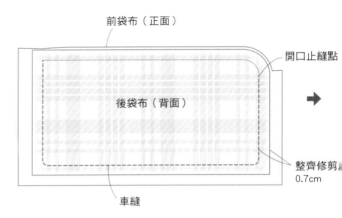

前袋布（正面）

開口止縫點

後袋布（背面）

整齊修剪
0.7cm

車縫

④ 袋口縫合固定斜布條，處理縫份。

0.7　　**2.**進行車縫。　　斜布條（背面）

1.翻回正面，將袋口縫份
整齊修剪成0.7cm。

袋布（正面）

斜布條（正面）

翻回正面，摺疊後進行藏針縫。

0.7

袋布（背面）

斜布條（正面）

1.2

裡布

1.2

袋布（背面）

脇邊

⑤ 安裝拉鍊。

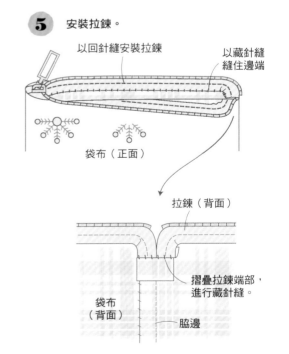

以回針縫安裝拉鍊

以藏針縫
縫住邊端

袋布（正面）

拉鍊（背面）

摺疊拉鍊端部，
進行藏針縫。

袋布
（背面）

脇邊

後袋布1片
（表布、雙面接著鋪棉、裡布、接著襯）

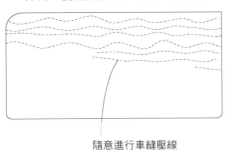

隨意進行車縫壓線

- -

❸ 包覆縫份。

前袋布（正面）

後袋布（背面）

剪牙口

以裡布包覆後進行藏針縫

完成圖

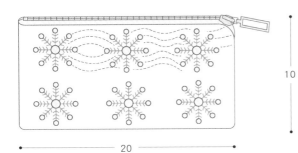

10

20

前袋布1片
（表布、鋪棉、裡布）

原寸紙型

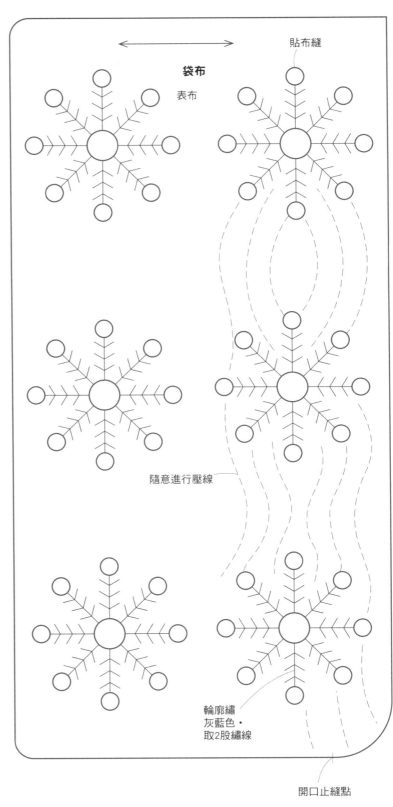

袋布

表布

貼布縫

隨意進行壓線

輪廓繡
灰藍色・
取2股繡線

開口止縫點

材 料

- 拼接用布（米黃色、橘色 合計）70cm×25cm
- 鋪棉 65cm×35cm
- 裡布（藍色印花布）65cm×35cm
  3cm×35cm斜布條 2條
- 平面繩帶（寬2cm／提把用）20cm
- 平面繩帶（寬1.5cm／提把、吊耳用）30cm
- 拉鍊（長20cm）1條
- 波狀織帶（寬1cm）270cm

※布片預留縫份0.7cm，指定以外1cm。

袋布1片（表布、鋪棉、裡布）

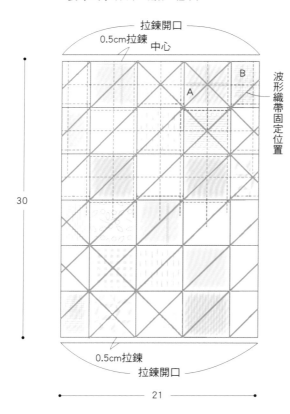

拉鍊開口
0.5cm拉鍊
中心
波形織帶固定位置
B
A
30
0.5cm拉鍊
拉鍊開口
21

側身2片
（表布、鋪棉、裡布）

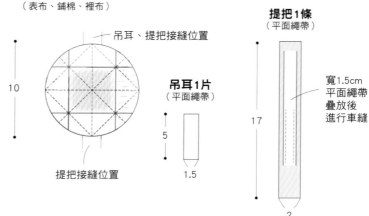

吊耳、提把接縫位置
10
提把接縫位置

吊耳1片
（平面繩帶）
5
1.5

提把1條
（平面繩帶）
寬1.5cm
平面繩帶
疊放後
進行車縫
17
2

2 拼接布片，進行壓線，完成袋布。
縫合固定波形織帶。

1.拼接布片，進行壓線。

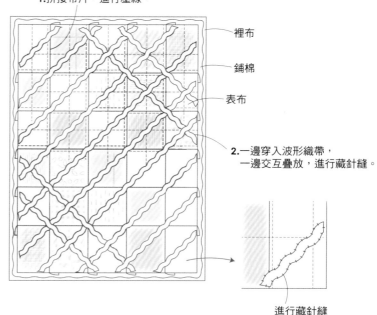

裡布
鋪棉
表布

2.一邊穿入波形織帶，
一邊交互疊放，進行藏針縫。

進行藏針縫

作 法 拼接布片，進行壓線，完成側身。

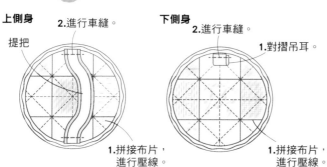

上側身
2.進行車縫。
提把

下側身
2.進行車縫。
1.對摺吊耳。

1.拼接布片，
進行壓線。

1.拼接布片，
進行壓線。

3 將拉鍊縫合固定於袋布。

車縫　　拉鍊（背面）
0.5
袋布（正面）

4 另一側也縫合固定拉鍊。

縫合固定拉鍊
1cm拉鍊
袋布（正面）
翻回正面
立起拉鍊，以藏針縫縫合邊端。

5 縫合袋布與側身。進行縫份滾邊。

下側身（正面）　對齊拉鍊與吊耳中心
事先打開拉鍊
車縫
袋布（背面）
上側身（背面）
對齊拉鍊與提把的中心

車縫
側身（背面）
斜布條（背面）
袋布（背面）
端部重疊0.5cm

袋布（背面）
以斜布條包覆後進行藏針縫

縫份倒向側身
進行藏針縫

完成圖

10
21

原寸紙型

B

A

側身

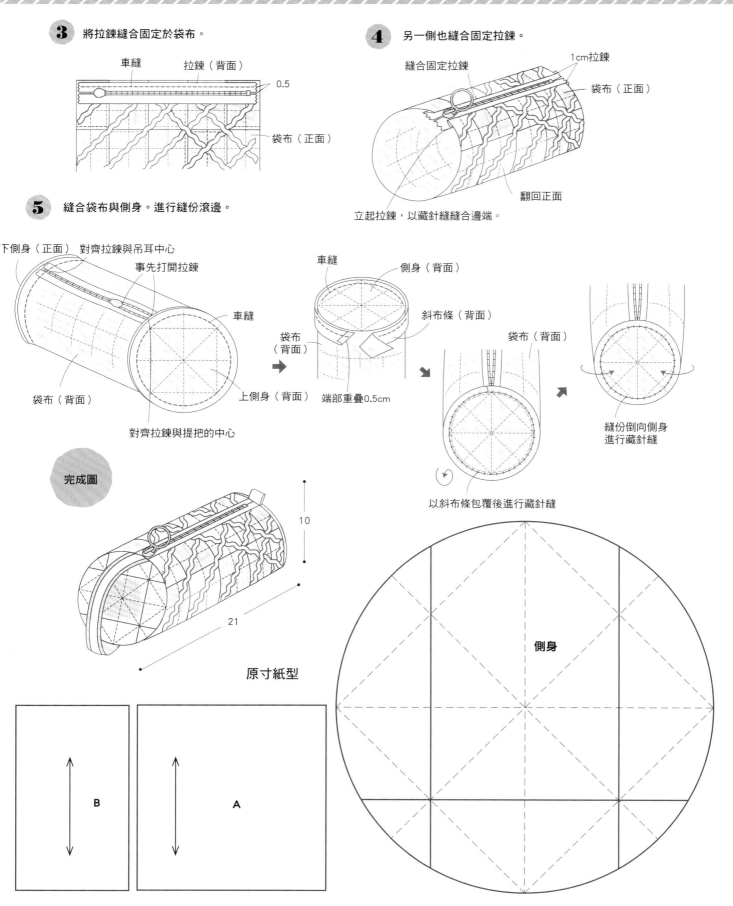

材　料

- 拼接用布（米黃色、橘色系 合計）50cm×25cm
- 表布（水藍色印花布）25cm×20cm
- 配色布（藍色印花布）10cm×15cm
- 鋪棉　30cm×30cm
- 裡布（茶色格紋布）25cm×30cm
  3.5cm×6cm斜布條 2條
- 拉鍊（長20cm）1條

※布片預留縫份0.7cm，指定以外1cm。

袋布1片（表布、鋪棉、裡布）

e

拉鍊開口

0.8

提把接縫位置

a　b　a　c　c　d　3.5

d　c c　c　b　d　c　3.5

d　d　c　a　a　a　3.5

1.75cm
方格狀壓線

表布

15

26.3

摺疊線

1.5

拉鍊開口

21

提把1條（配色布2片、鋪棉1片）

1.5

9

作法　**①** 拼接布片，完成各區塊。

a　縫合　　b

c　　　d

縫合e

e

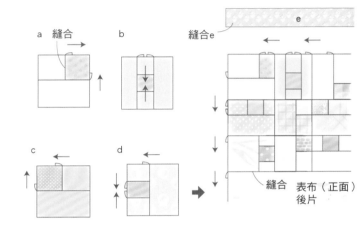

縫合　表布（正面）
後片

② 疊合表布、鋪棉、裡布，進行縫合、壓線。

車縫

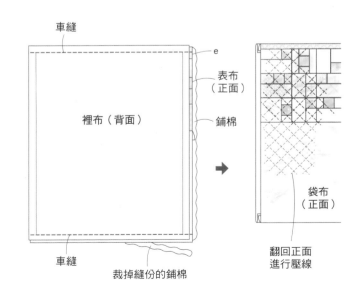

裡布（背面）

e

表布（正面）

鋪棉

袋布（正面）

車縫

裁掉縫份的鋪棉

翻回正面
進行壓線

3 將拉鍊縫合固定於袋布。

拉鍊（正面）　　0.4
0.3cm車縫
後袋布（正面）

4 另一側以疏縫線縫住。

後袋布（正面）
距離0.8cm
疏縫　　前袋布（正面）

5 縫合固定拉鍊。

回針縫　　袋布（背面）
以藏針縫縫住邊端

6 製作提把。

提把（背面）
車縫
（正面）
整齊修剪成0.5cm
裁掉縫份的鋪棉

翻回正面車縫中央
提把（正面）

7 夾入提把，縫合脇邊。

由摺疊線處進行摺疊　　事先打開拉鍊
夾入提把
袋布（背面）
車縫　　整齊修剪成0.7cm
車縫
對摺

8 以裡布包覆處理縫份。

藏針縫
袋布（背面）
車縫　　以裡布的斜布條包覆縫份

原寸紙型

a 區塊

b 區塊

c 區塊

d 區塊

完成圖

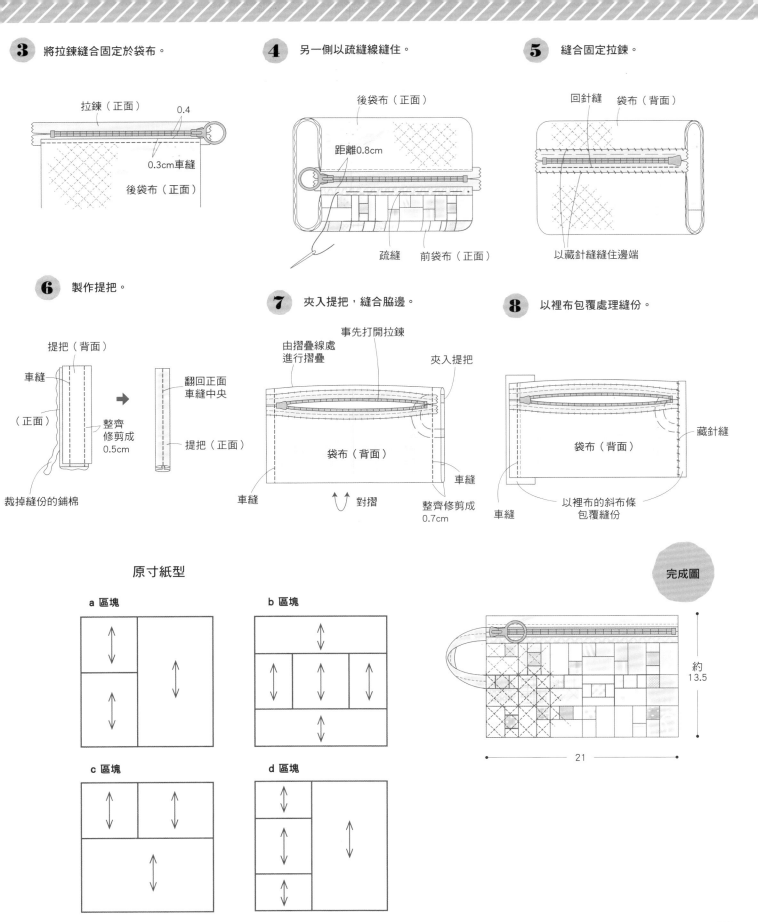

約13.5

21

原寸紙型A面

袋布1片（表布、鋪棉、裡布）

材 料

- 貼布縫用布　適量
- 表布（藏青色素布）20cm×35cm
- 鋪棉　20cm×35cm
- 裡布（藍色印花布）20cm×30cm
- 接著襯（薄）　10cm×10cm
- 釦絆用繩（寬0.5cm）6cm
- 球狀鈕釦（直徑1.2cm）1顆

※貼布縫作法請參照P.94。
　指定以外預留縫份0.7cm。

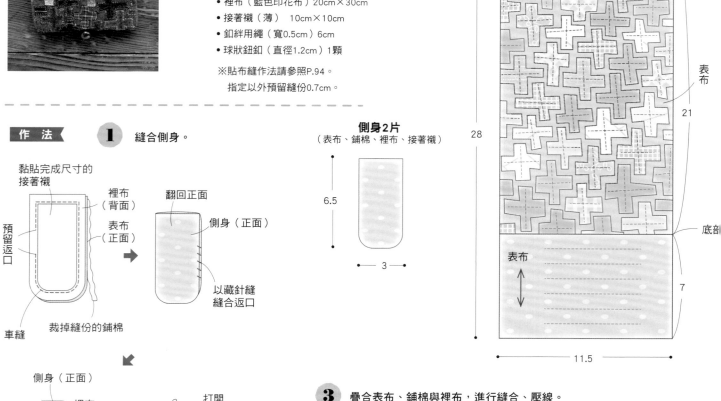

表布
21
底音
表布
28
7
11.5

作 法

1 縫合側身。

黏貼完成尺寸的接著襯
裡布（背面）
表布（正面）
預留返口
車縫
裁掉縫份的鋪棉

翻回正面
側身（正面）
以藏針縫縫合返口

側身2片
（表布、鋪棉、裡布、接著襯）
6.5
3

側身（正面）
裡布
對摺0.3cm車縫

打開
表布
側身（正面）

2
袋布進行貼布縫，完成表布。

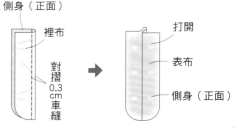

貼布縫
縫合
表布（正面）

3 疊合表布、鋪棉與裡布，進行縫合、壓線。

3.修圓角上部位的縫份。

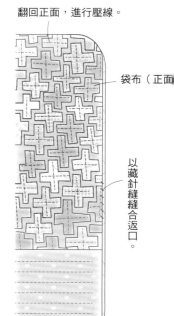

鋪棉
表布（正面）
裡布（背面）
預留返口
1.進行車縫。
2.裁掉縫份的鋪棉。

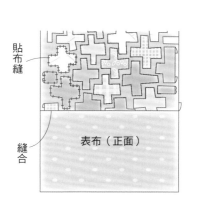

翻回正面，進行壓線。
袋布（正面）
以藏針縫縫合返口。

4 以捲針縫縫合袋布與側身。

5 袋布進行縫釦。

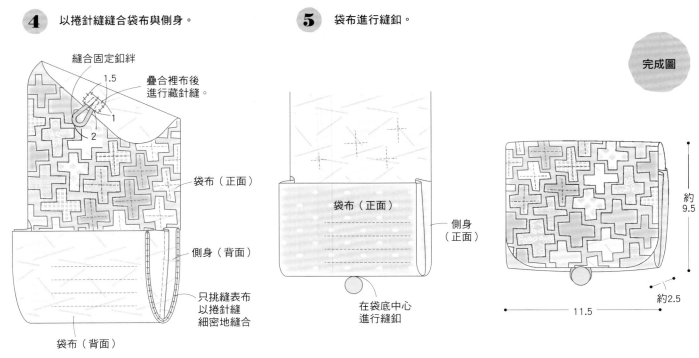

縫合固定釦絆
1.5
疊合裡布後
進行藏針縫。
1
2
袋布（正面）
側身（背面）
只挑縫表布
以捲針縫
細密地縫合
袋布（背面）

袋布（正面）
側身（正面）
在袋底中心
進行縫釦

完成圖

約9.5
約2.5
11.5

原寸紙型

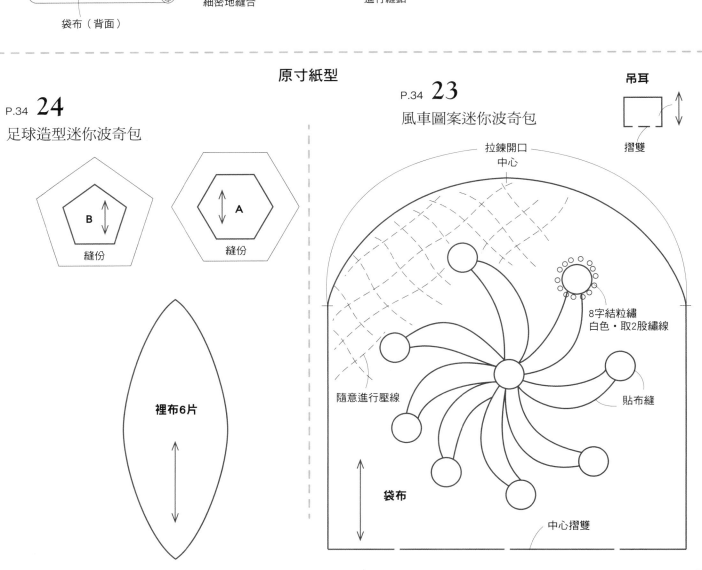

P.34 **24**
足球造型迷你波奇包

B
縫份

A
縫份

裡布6片

P.34 **23**
風車圖案迷你波奇包

吊耳
摺雙

拉鍊開口
中心

8字結粒繡
白色・取2股繡線

隨意進行壓線

貼布縫

袋布

中心摺雙

原寸紙型B面

材料

- 拼接用布
  （前後屋頂 合計）25cm×10cm
  （前側牆壁 合計）25cm×10cm
  （前側窗戶、門 合計）15cm×10cm
- 吊耳用布（藏青色印花布）15cm×5cm
- 後片的脇邊布、下邊布（水藍色印花布）35cm×10cm
- 透明塑膠片　17cm×8cm
- 裡布（藍色印花布）20cm×15cm

- 蛛網襯（極薄雙面接著襯）16cm×9cm
- 接著襯（薄）　40cm×15cm
- 魔鬼氈　1cm×12cm
- 吊耳用織帶（寬0.6cm）6cm
- 25號繡線
  （粉紅色、黃色、水藍色、深灰色、藏青色、米黃色）
- 5號繡線（綠色）

※布片預留縫份0.7cm，指定以外1cm。

前袋布1片（表布、裡布、接著襯、蛛網襯）

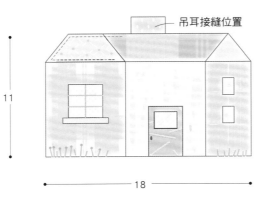

吊耳接縫位置

11

18

後袋布1片（表布、接著襯、透明塑膠片）

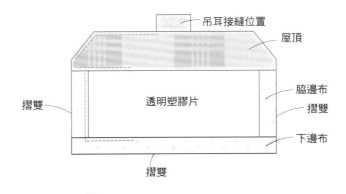

吊耳接縫位置

屋頂

脇邊布

摺雙

下邊布

摺雙

透明塑膠片

摺雙

作法

1 製作吊耳。

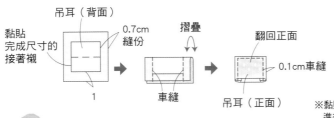

吊耳（背面）

黏貼完成尺寸的接著襯

0.7cm縫份

摺疊

翻回正面

0.1cm車縫

車縫

吊耳（正面）

1

3 夾入吊耳，疊合前袋布與裡布，縫合周圍。

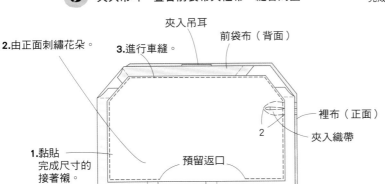

夾入吊耳

2.由正面刺繡花朵。

3.進行車縫。

前袋布（背面）

裡布（正面）

夾入織帶

2

1.黏貼完成尺寸的接著襯。

預留返口

2 縫合前袋布的剪接部分。

進行縫合，縫份倒向外側。

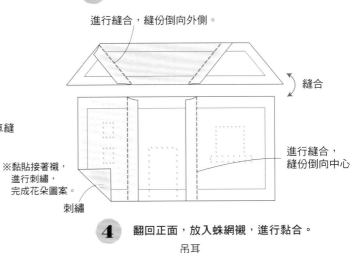

縫合

進行縫合，縫份倒向中心

※黏貼接著襯，進行刺繡，完成花朵圖案。

刺繡

4 翻回正面，放入蛛網襯，進行黏合。

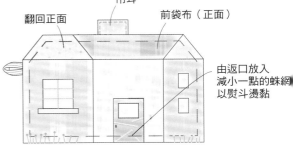

吊耳

翻回正面

前袋布（正面）

由返口放入減小一點的蛛網以熨斗燙黏

5 事先疏縫固定魔鬼氈，縫合屋頂部分。

對齊邊端　魔鬼氈
疏縫
前袋布（背面）　裡布

與魔鬼氈一起縫合
0.1cm車縫
前袋布（正面）

6 縫合魔鬼氈下部。

0.1cm車縫　魔鬼氈
前袋布（背面）

7 將脇邊布縫合固定於透明塑膠片。

黏貼完成尺寸的接著襯
1cm縫份

17
8
接著襯
透明塑膠片
包覆
摺雙
0.2cm車縫（正面）
脇邊布（背面）　車縫

8 將下邊布縫合固定於透明塑膠片。

接著襯
下邊布（背面）
由記號車縫至記號

倒向
摺疊
下邊布（正面）

車縫
藏針縫
0.2
包覆

9 夾入吊耳，縫合屋頂。

黏貼完成尺寸的接著襯（僅1片）
夾入吊耳
從記號車縫至記號
（正面）
屋頂（背面）

翻回正面
屋頂（正面）

10 將屋頂縫合固定於透明塑膠片。

縫合接著襯側　車縫

避開1片

11 縫合周圍，縫合固定魔鬼氈。

縫合魔鬼氈
0.1
摺入縫份，進行車縫。
0.2

完成圖

12 疊合前袋布後進行縫合。

後袋布
開口止縫處　開口止縫處
前袋布
捲針縫

11
18

材料

- 貼布縫用布 適量
- 表布（茶色格紋布）45cm×35cm
  2.5cm×50cm斜布條
- 配色布（茶色印花布）40cm×12cm
- 鋪棉 45cm×35cm
- 裡布（米黃色印花布）50cm×35cm
  2.5cm×45cm斜布條

- 帶夾頭的圓環 8個
- 繩帶（寬0.5cm）100cm
- 玻璃珠（直徑2.2cm）2顆
- 25號繡線（銀色、米黃色）

※貼布縫作法請參照P.94。
　指定以外預留縫份1cm。

袋布A2片
（表布、鋪棉、裡布）

袋布B2片
（表布、鋪棉、裡布）

隨意進行壓線

落針壓縫

壓線

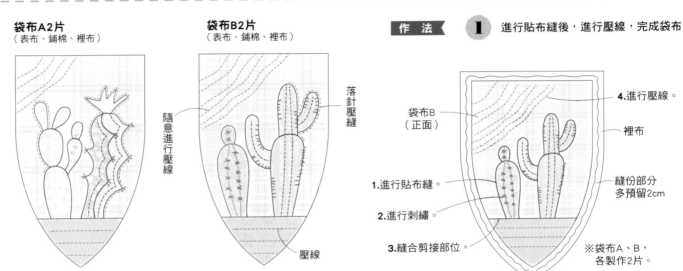

作法

1 進行貼布縫後，進行壓線，完成袋布。

袋布B（正面）

4.進行壓線。

裡布

1.進行貼布縫。

2.進行刺繡。

3.縫合剪接部位。

縫份部分多預留2cm

※袋布A、B，各製作2片。

---

2 疊合袋布A與袋布B，縫合脇邊。處理縫份。

袋布B（正面）

袋布A（背面）

車縫

車縫至距離記號0.7cm處

整齊修剪成0.7cm

袋布A（背面）

袋布B（背面）

以縫份包覆後進行藏針縫

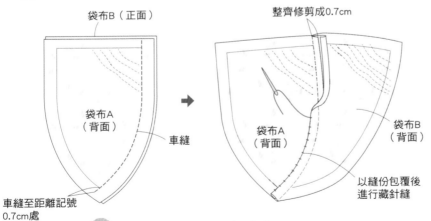

3 疊合兩組袋布後，縫合周圍。

袋布B（正面）

車縫

袋布A（背面）

袋布B（背面）

袋布A（背面）

縫份整齊修剪成0.7cm

0.7

以裡布的斜布條包覆進行藏針縫。

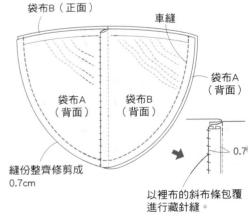

---

4 將斜布條縫合固定於袋口部位。

邊端摺疊0.7cm後重疊。

車縫

袋布（背面）

表布的斜布條（背面）

翻回正面

5 以藏針縫縫合袋口部位。夾上帶夾頭的圓環。

翻回正面，進行藏針縫。

摺疊成0.7cm

夾上帶夾頭的圓環

2.5

中心

袋布（正面）

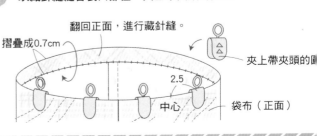

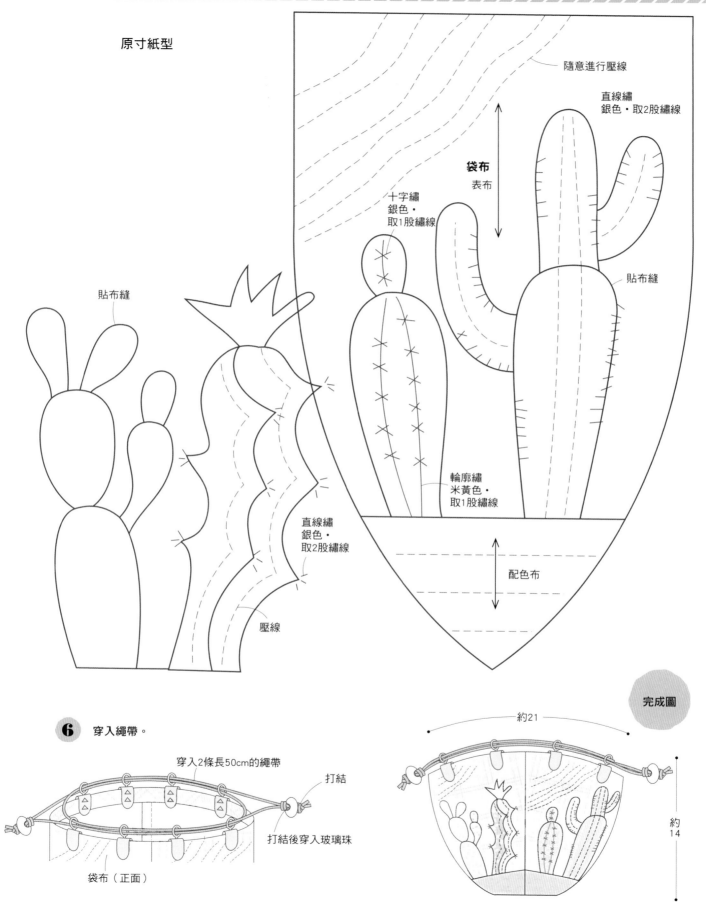

原寸紙型

隨意進行壓線

直線繡
銀色・取2股繡線

袋布
表布

貼布縫

十字繡
銀色・
取1股繡線

貼布縫

輪廓繡
米黃色・
取1股繡線

直線繡
銀色・
取2股繡線

壓線

配色布

完成圖

6 穿入繩帶。

穿入2條長50cm的繩帶

打結

打結後穿入玻璃珠

袋布（正面）

約21

約14

21 材料
- 貼布縫用布（淺茶色 合計）5cm×5cm
- 拼接用布（茶色系 合計）30cm×30cm
- 表布（茶色格紋布）35cm×20cm
- 鋪棉 30cm×15cm
- 雙面接著鋪棉 25cm×2.5cm
- 裡布（綠色格紋布）30cm×15cm
- 接著襯（薄）20cm×2.5cm
- 拉鍊（長15cm）1條
- 25號繡線（茶色、焦茶色）

22 材料
- 貼布縫用布（藍色、綠色 合計）15cm×5cm
- 羽毛土台布（白色素布）15cm×15cm
- 表布（藍色印花布）15cm×15cm
- 後片用布（藍色印花布）15cm×15cm
- 配色布（灰色印花布）35cm×20cm
- 鋪棉 30cm×15cm
- 雙面接著鋪棉 25cm×2.5cm
- 裡布（綠色格紋布）35cm×16cm
- 接著襯（薄）25cm×2.5cm
- 拉鍊（長17cm）1條
- 25號繡線（綠色、粉紅色、藍色、白色、橘色、米黃色）

※貼布縫作法請參照P.94。
　指定以外預留縫份0.7cm。

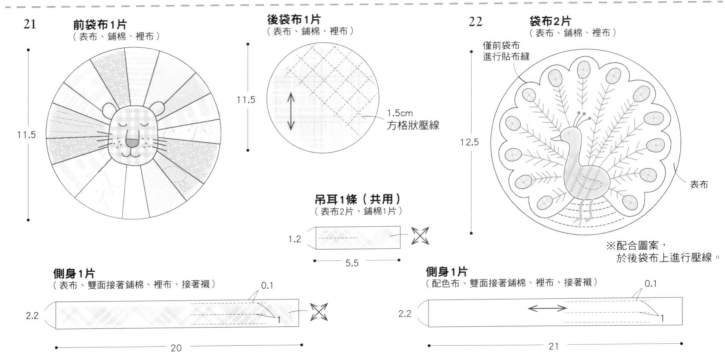

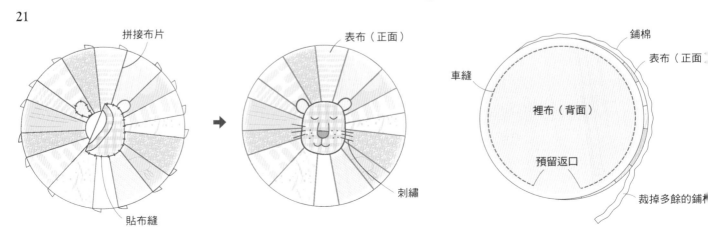

作法

1 拼接布片，進行貼布縫與刺繡，完成表布。

2 疊合表布、鋪棉、裡布，縫合周圍。

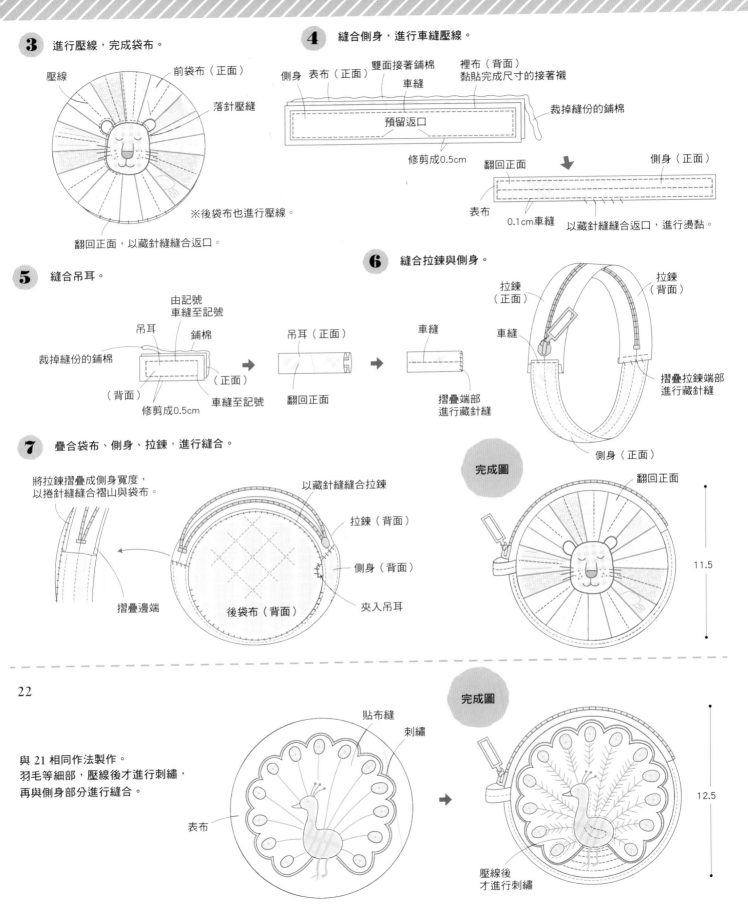

3 進行壓線，完成袋布。

壓線
前袋布（正面）
落針壓縫

※後袋布也進行壓線。

翻回正面，以藏針縫縫合返口。

4 縫合側身，進行車縫壓線。

側身　表布（正面）　雙面接著鋪棉　裡布（背面）
車縫　黏貼完成尺寸的接著襯
裁掉縫份的鋪棉
預留返口
修剪成0.5cm
翻回正面　側身（正面）
表布
0.1cm車縫　以藏針縫縫合返口，進行燙黏。

5 縫合吊耳。

由記號
車縫至記號
吊耳　鋪棉
裁掉縫份的鋪棉
（背面）　（正面）
修剪成0.5cm　車縫至記號
吊耳（正面）
翻回正面
車縫
摺疊端部
進行藏針縫

6 縫合拉鍊與側身。

拉鍊
（正面）
拉鍊
（背面）
車縫
摺疊拉鍊端部
進行藏針縫
側身（正面）

完成圖

翻回正面
11.5

7 疊合袋布、側身、拉鍊，進行縫合。

將拉鍊摺疊成側身寬度，
以捲針縫縫合褶山與袋布。

以藏針縫縫合拉鍊
拉鍊（背面）
側身（背面）
夾入吊耳
摺疊邊端　後袋布（背面）

22

與 21 相同作法製作。
羽毛等細部，壓線後才進行刺繡，
再與側身部分進行縫合。

貼布縫
刺繡
表布

完成圖

壓線後
才進行刺繡
12.5

原寸紙型 P.77

材 料

- 貼布縫用布 適量
- 表布（灰色印花布）15cm×20cm
- 裝飾片用布（深綠色）5cm×5cm
- 鋪棉 15cm×20cm
- 裡布（茶色格紋布）15cm×20cm
- 拉鍊（長12cm）1條
- 25號繡線（白色）

※貼布縫作法請參照P.94。
　指定以外預留縫份0.7cm。

作 法

1 進行貼布縫與刺繡，完成表布。

貼布縫
刺繡
表布（正面）

2 疊合表布、鋪棉、裡布，縫合周圍。

車縫
表布（正面）
整齊修剪成0.5cm
裡布（背面）
鋪棉
預留返口
裁掉縫份的鋪棉

3 進行壓線。

壓線
翻回正面以藏針縫縫合返口
袋布（正面）

4 縫合袋布的脇邊。

袋布（背面）
只挑縫表布進行捲針縫
摺疊
袋底

5 縫合固定拉鍊。

拉鍊（背面）
以回針縫縫合固定拉鍊
藏針縫
袋布（背面）
翻回正面
袋布（正面）

完成圖

6 製作吊耳。

裝飾片（背面）
車縫
整齊修剪成0.3cm
摺疊
吊耳（正面）
翻回正面

7 縫合側身，縫合固定裝飾片。

袋布（正面）
脇邊
由正面抓縫側身
1
縫住縫份
以裝飾片套住角上部位進行藏針縫

約10
約9.5

材 料

• A・B用布（粉紅色系 合計）30cm×20cm
• 接著襯（中厚） 25cm×15cm
• 裡布（白色印花布）30cm×10cm
• 鈕釦（直徑0.5cm）18顆
• 繩帶（寬0.7cm）85cm
• 口金（寬6.5cm 高約3cm）1個
• 25號繡線（粉紅色）

※預留縫份0.7cm。

作 法

1 以布片包覆接著襯，完成各部分。

A（背面）

黏貼接著襯

完成尺寸

縫份塗膠

摺疊後黏貼

A ×20片   B ×12片

2 以捲針縫進行接合。

捲針縫   A（正面）   A 打開
A
A（背面）   B

3 依下圖示接縫各部位。先分別接合成列，再依序接縫成球狀。

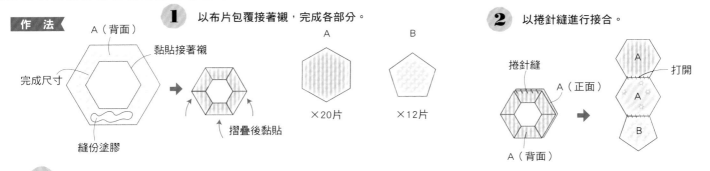

1. 正面相對進行捲針縫，分別接合成列。

☆＝疊合位置

2. 疊合各列，以捲針縫進行接縫。   ※紅線部分為袋口，不縫。

袋口側

袋口

袋口側

袋口

袋布（正面）

各部位中央非常協調地縫上鈕釦

4 縫合裡布。

由記號縫至記號

裡布（背面）

（正面）

距離10.5cm

裡布（正面）

裡布（背面）

分別縫合3片組合兩部分進行縫合

5 將裡布縫合固定於袋布。安裝金屬配件，固定繩帶。

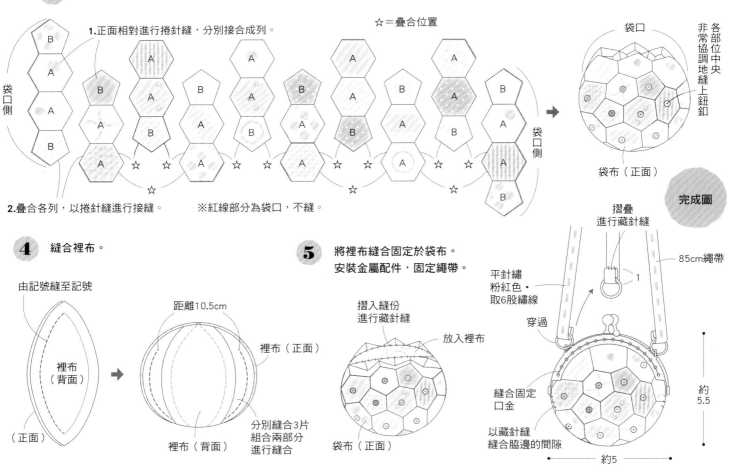

摺入縫份進行藏針縫

放入裡布

袋布（正面）

完成圖

摺疊進行藏針縫

85cm繩帶

平針繡粉紅色・取6股繡線

穿過

縫合固定口金

以藏針縫縫合脇邊的間隙

約5.5

約5

原寸紙型B面

材 料

• 表布（藏青色印花布）25cm×25cm
• 配色布（灰色印花布）15cm×25cm
• 鋪棉 35cm×25cm
• 裡布（藍色格紋布）25cm×25cm
• 拉鍊（長20cm）1條
• 鈕釦（直徑0.7cm / 白色）2顆

• 接著襯（薄） 15cm×5cm
• 細繩（粗細0.1cm）15cm
• 串珠、小裝飾各1個
• 25號繡線（灰色）

※指定以外預留縫份0.7cm。

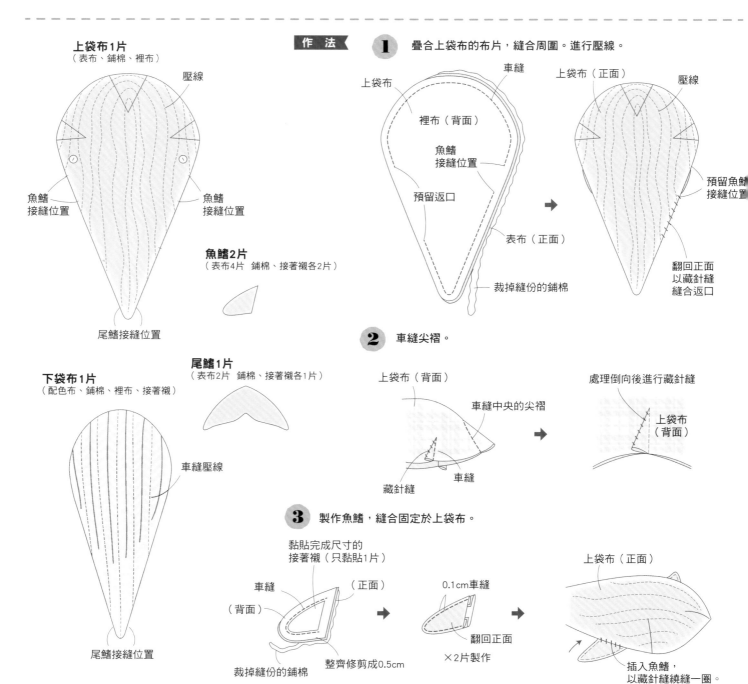

上袋布1片
（表布、鋪棉、裡布）

壓線

魚鰭
接縫位置

魚鰭
接縫位置

魚鰭2片
（表布4片 鋪棉、接著襯各2片）

尾鰭接縫位置

下袋布1片
（配色布、鋪棉、裡布、接著襯）

尾鰭1片
（表布2片 鋪棉、接著襯各1片）

車縫壓線

尾鰭接縫位置

作 法

1 疊合上袋布的布片，縫合周圍。進行壓線。

上袋布
裡布（背面）
魚鰭
接縫位置
預留返口
車縫
表布（正面）
裁掉縫份的鋪棉

上袋布（正面）
壓線
預留魚鰭
接縫位置
翻回正面
以藏針縫
縫合返口

2 車縫尖褶。

上袋布（背面）
車縫中央的尖褶
藏針縫
車縫

處理倒向後進行藏針縫
上袋布
（背面）

3 製作魚鰭，縫合固定於上袋布。

黏貼完成尺寸的
接著襯（只黏貼1片）
車縫
（背面）
（正面）
裁掉縫份的鋪棉
整齊修剪成0.5cm

0.1cm車縫
翻回正面
×2片製作

上袋布（正面）
插入魚鰭，
以藏針縫繞縫一圈。

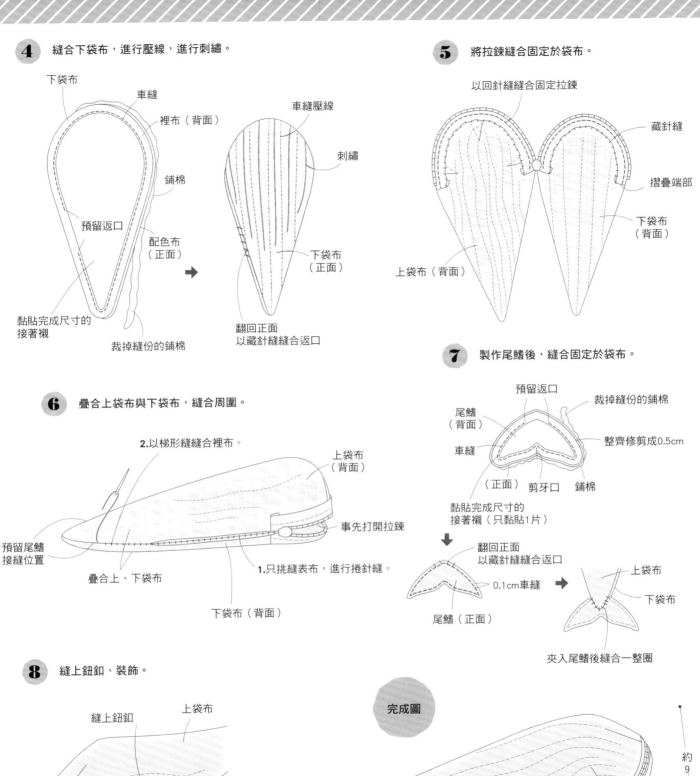

4 縫合下袋布，進行壓線，進行刺繡。

下袋布
車縫
裡布（背面）
車縫壓線
刺繡
鋪棉
預留返口
配色布（正面）
下袋布（正面）
黏貼完成尺寸的接著襯
裁掉縫份的鋪棉
翻回正面
以藏針縫縫合返口

5 將拉鍊縫合固定於袋布。

以回針縫縫合固定拉鍊
藏針縫
摺疊端部
下袋布（背面）
上袋布（背面）

6 疊合上袋布與下袋布，縫合周圍。

2.以梯形縫縫合裡布。
上袋布（背面）
預留尾鰭接縫位置
事先打開拉鍊
疊合上、下袋布
1.只挑縫表布，進行捲針縫。
下袋布（背面）

7 製作尾鰭後，縫合固定於袋布。

預留返口
尾鰭（背面）
裁掉縫份的鋪棉
整齊修剪成0.5cm
車縫
（正面）
剪牙口
鋪棉
黏貼完成尺寸的接著襯（只黏貼1片）
翻回正面
以藏針縫縫合返口
0.1cm車縫
上袋布
下袋布
尾鰭（正面）
夾入尾鰭後縫合一整圈

8 縫上鈕釦、裝飾。

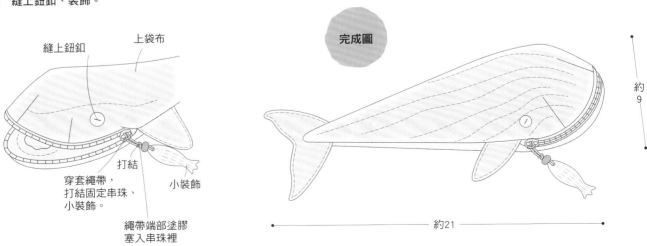

縫上鈕釦
上袋布
穿套繩帶，打結固定串珠、小裝飾。
打結
小裝飾
繩帶端部塗膠塞入串珠裡

完成圖

約9
約21

原寸紙型B面

材 料

- 房屋貼布縫圖案用布 適量
- 房屋貼布縫圖案用土台布（米黃色印花布）25cm×25cm
- 三角形貼布縫用布（藍色、茶色格紋布）45cm×30cm
- 花朵、花心貼布縫用布（橘色 合計）15cm×15cm
- 葉片、莖部貼布縫用布（綠色印花布）30cm×20cm
- 土台布（水藍色織紋布）45cm×45cm
- 鋪棉　45cm×45cm
- 裡布（藍色印花布）45cm×45cm
- 滾邊用布（藍色印花布）
  3.5cm×170cm斜布條
- 25號繡線（淺茶色、茶色、灰色）

作 法

製作表布，疊合鋪棉、裡布，進行壓線。
進行周圍包邊。

※貼布縫作法請參照P.94。
　指定以外預留縫份0.7cm。

表布的作法

1. 將三角形貼布縫部分，縫合固定
   於土台布。

3. 進行房屋圖案貼布縫，預留
   縫份0.7cm後，由背面側挖空
   土台布的縫份部分。

土台布（正面）

預留0.7cm

2. 上面疊放房屋貼布縫圖案，進行
   縫合固定。

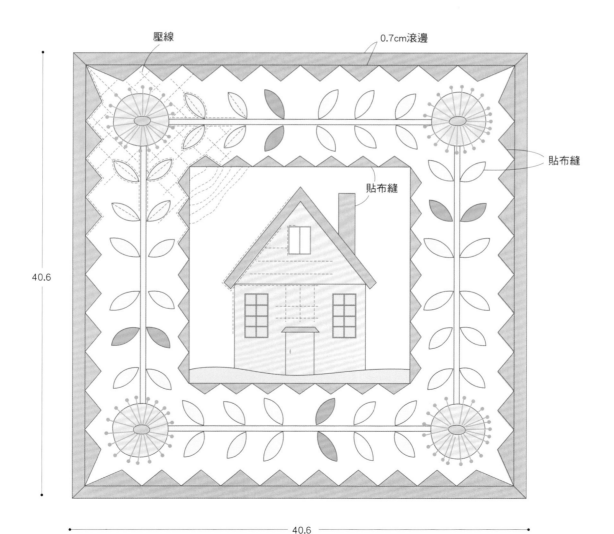

壓線　　　　　　　　0.7cm滾邊

貼布縫

貼布縫

40.6

40.6

※布片預留縫份0.7cm。

作法

製作表布，疊合鋪棉與裡布，進行壓線。
周圍縫合斜布條，翻向背面，進行藏針縫。

材料

• 拼接用布
 A（各色合計）15cm×15cm
 B（藍色印花布）15cm×5cm
　（茶色印花布）15cm×5cm
　（綠色印花布）15cm×10cm
 C（茶色印花布）15cm×10cm
　（水藍色印花布）15cm×10cm
 D（紅色素布）5cm×5cm
　（藍色格紋布）15cm×10cm
　（藍色素布）15cm×10cm
 E（茶色印花布）15cm×5cm
　（灰色印花布）15cm×5cm
　（藍色格紋布）15cm×10cm
 F（米黃色印花布）15cm×10cm
　（藍色印花布）15cm×10cm
 G（淺色印花布）15cm×15cm
　（藏青色印花布）15cm×15cm

 H（深色）15cm×10cm
　（灰色印花布）15cm×10cm
 I（灰色、綠色、淺綠色）各15cm×10cm
 J（紅色、藍色印花布）各15cm×10cm
 K（紅色、水藍色、茶色）各10cm×5cm
　（淺茶色素布）15cm×10cm
　（格紋布）5cm×5cm
 L（米黃色印花布）5cm×5cm
　（灰色花圖案印花布）15cm×10cm
　（灰色格紋布）15cm×10cm
 M（灰色水玉圖案）50cm×15cm
 N～PP'（藍色系 合計）60cm×25cm
• 裡布（藍色印花布）50cm×45cm
　　　　3cm幅 185cm斜布條
• 鋪棉　50cm×45cm

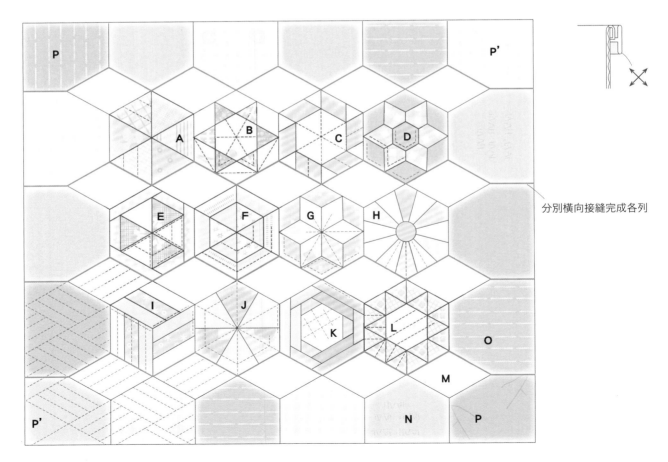

分別橫向接縫完成各列

原寸紙型B面

材　料

- 花朵、葉子貼布縫用布 適量
- 表布（綠色印花布）55cm×10cm
- 土台布（灰色葉子印花布）55cm×55cm
- 鋪棉　55cm×55cm
- 裡布（藍色印花布）55cm×55cm
  3cm×210cm斜布條
- 25號繡線（米黃色、茶色、綠色、藍色、卡其色）

作　法

進行貼布縫，完成表布，
疊合鋪棉、裡布，進行壓線。
周圍縫合斜布條，翻向背面，進行藏針縫。

※貼布縫作法請參照P.94。
　指定以外預留縫份0.7cm。

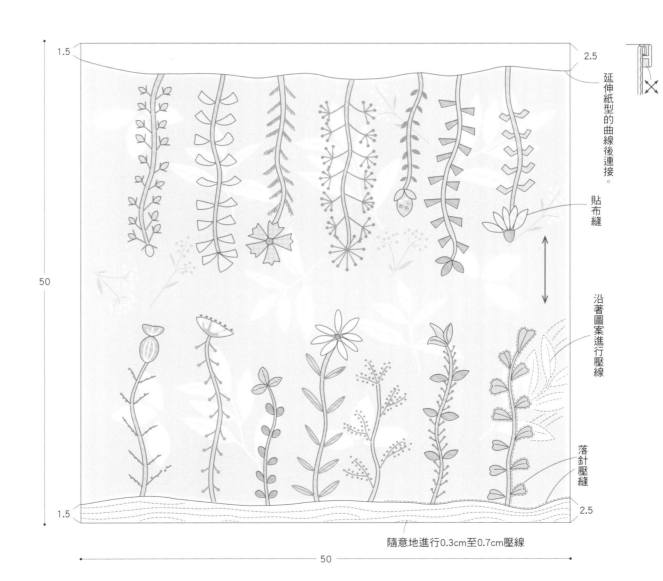

1.5　　　　　　　　　　　　　　　　　　　　　　　2.5

延伸紙型的曲線後連接。

貼布縫

50

沿著圖案進行壓線

落針壓縫

1.5　　　　　　　　　　　　　　　　　　　　　　　2.5

隨意地進行0.3cm至0.7cm壓線

50

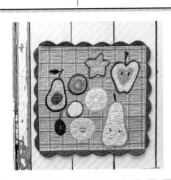

材料

- 貼布縫用布 適量
- 土台布（灰色格紋布）45cm×45cm
- 鋪棉 45cm×65cm
- 裡布（印花布）45cm×45cm
- 裝飾布（茶色印花布）45cm×40cm
      2.5cm×175cm斜布條
- 25號繡線（黑色、淺黃色、米黃色、黃色）

作法

進行貼布縫，完成表布，
疊合鋪棉與裡布，進行壓線。
製作裝飾後，與斜布條一起縫於周圍。
翻向背面，進行藏針縫。

※貼布縫作法請參照P.94。
    指定以外預留縫份0.7cm。

裝飾

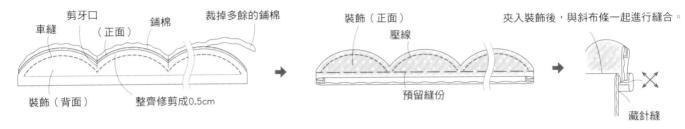

剪牙口　車縫　（正面）　鋪棉　裁掉多餘的鋪棉
裝飾（背面）　整齊修剪成0.5cm

裝飾（正面）　壓線　預留縫份

夾入裝飾後，與斜布條一起進行縫合。
藏針縫

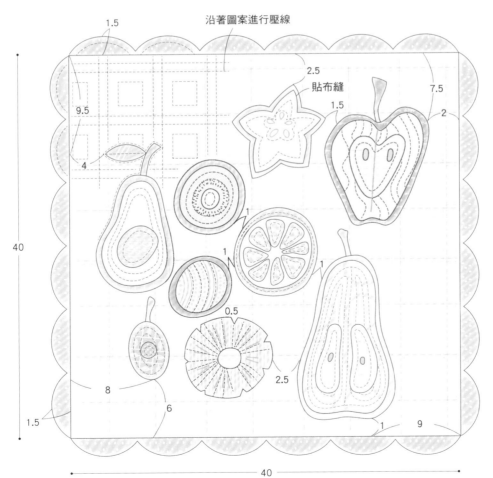

沿著圖案進行壓線

貼布縫

1.5　9.5　4　2.5　1.5　7.5　2
40　0.5　8　6　2.5　1　1　1　9　1.5
40

原寸紙型B面

材　料

- 貼布縫用布（米黃色系 合計）35cm×30cm
- 土台布（灰色格紋布）50cm×40cm
- 鋪棉　50cm×40cm
- 裡布（藍色印花布）50cm×40cm
- 滾邊用布（綠色印花布）3.5cm×170cm斜布條
- 25號繡線（芥末黃色、深綠色、卡其色、灰色、綠色系漸層色、淺黃色、綠色、淺綠色、茶色、原色、白色、淺茶色、米黃色、藍色、黃色）

※預留縫份0.7cm。

周圍刺繡

沿著縫合針目邊緣進行輪廓繡

作　法

進行貼布縫，完成表布，疊合鋪棉、裡布，進行壓線。
進行周圍滾邊。

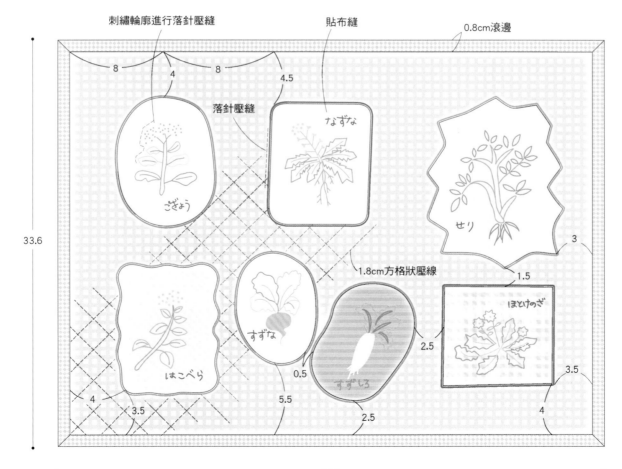

拼布必備工具

在此介紹具代表性的縫紉工具。
也請準備製作紙型的鉛筆或厚紙，裁剪紙型的剪刀等工具吧！

作記號・裁剪

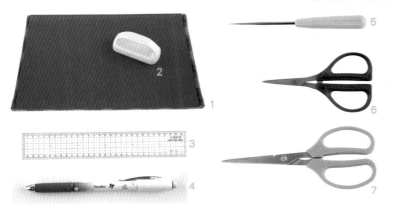

1.多功能拼布板
表層為柔軟皮革，翻起皮革後呈細砂紙狀態，背面側為燙台的多用途拼布工具。

2.文鎮
進行壓線、貼布縫時，用於壓住布片的重物。

3.定規尺
印著方格的定規尺使用更便利。

4.布用自動鉛筆
在布上作記號時使用。白色、黑色、黃色使用最方便。

5.錐子
又稱尖錐。製作紙型或調整布片角上部位時也會使用到。

6.線剪
專用於剪線的剪刀。

7.布剪
專用於裁剪布料的剪刀。裁剪鋪棉時使用剪紙的剪刀吧！

針具

8.疏縫針
針體粗又長的縫針。

9.拼布針、貼布縫針
針體細短的縫針。

10.壓線針
相較於9，針體較短，但比較粗的縫針。

11.刺繡針
針孔較大，針尖細尖的針。

12.磁式針插
置入強吸力磁鐵，可緊緊地吸住珠針。

13.珠針
拼接布片用珠針。

14.貼布縫用珠針
針頭較小、針體較短的珠針。

線材

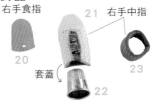

15.疏縫線
備有線捲狀疏縫線，使用更便利。

16.拼接用線
拼接布片、進行貼布縫、車縫時皆可使用的細線。

17.壓縫線
比16的疏縫線粗的縫線。

頂針器

18.指環式切線器
戴在手指上，可直接切斷線材的剪線工具。

19.陶瓷頂針器
頭部平坦的頂針器。

20.橡膠頂針器
橡膠製帽蓋狀。不滑針，易掌握。

21.皮革頂針器
推針時使用。

22.金屬頂針器
避免貫穿皮革。

23.指環式頂針器
適合拼接布片時使用的頂針器。

其他工具

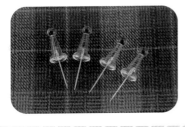

24.大頭針
針腳較長，疏縫用便利針具。

25.塑膠湯匙
以大頭針固定拼縫布片後，置於疏縫路徑，承接針尖，更順利地完成疏縫作業的輔助工具。

26.縫份骨筆
拼接布片後，將縫份處理得更服貼的工具。

拼布基本功

拼接布片

取1條縫線，戴上指環式頂針器，進行平針縫。使用不需剪刀就能夠剪線的指環式切線器，迅速地完成縫製作業。

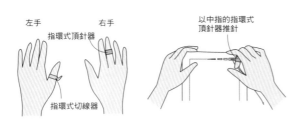

左手　　　　　右手
指環式頂針器
以中指的指環式頂針器推針
指環式切線器

拼縫起點與終點進行回針縫。整齊修剪縫份，摺疊縫合針目內側0.1cm處，加上摺份。

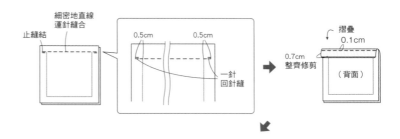

細密地直線運針縫合
止縫結
0.5cm　0.5cm
一針回針縫
摺疊 0.1cm
0.7cm 整齊修剪
（背面）

鑲嵌拼縫

不是縫至縫份為止喔！鑲嵌拼縫是縫至記號後，鑲嵌似地拼縫另一片布片的拼接手法。

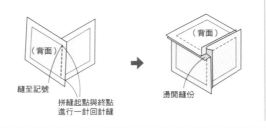

（背面）
縫至記號
拼縫起點與終點進行一針回針縫
（背面）
燙開縫份

拼接布片後，擺在拼布板上，攤開布片，以專用骨筆輕刮縫份，將縫處處理得很服貼。
基本上，縫份倒向深色布片側。

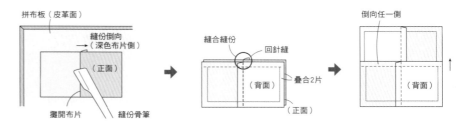

拼布板（皮革面）
縫份倒向（深色布片側）
（正面）
攤開布片　縫份骨筆
縫合縫份　回針縫
疊合2片
（背面）
（正面）
倒向任一側
（背面）

貼布縫

用布背面作記號後進行裁剪，以骨筆輕刮縫合線，更容易摺疊縫份。

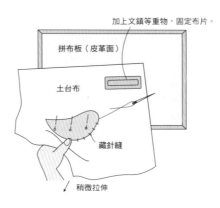

曲線　　拼布板（皮革面）　直線
曲線凹處剪牙口
貼布縫骨筆
0.3cm 縫份
0.1cm
布片（背面）
0.3cm 縫份
拉開牙口
立起縫份
縫份骨筆

土台布描繪圖案後，疊放在拼布板上，接著疊放貼布縫用布片，進行藏針縫。
部位太小時，在布片正面作記號，利用針尖，一邊摺疊縫份，一邊進行藏針縫。

加上文鎮等重物，固定布片。
拼布板（皮革面）
土台布
藏針縫
稍微拉伸

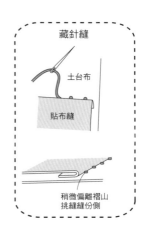

藏針縫
土台布
貼布縫
稍微偏離褶山挑縫縫份側

莖部等細部貼布縫

進行纖細又呈曲線狀的花莖貼布縫時，善加利用斜布條的布。曲線部位凹側縫合固定於土台布後，才進行凸側藏針縫。

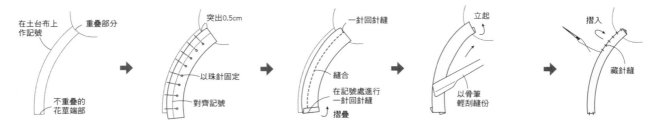

在土台布上作記號　重疊部分
不重疊的花莖端部
突出0.5cm
以珠針固定
對齊記號
一針回針縫
縫合
在記號處進行一針回針縫
摺疊
立起
以骨筆輕刮縫份
摺入
藏針縫

疏縫

在大於拼布作品的板子或榻榻米上，以疏縫線進行疏縫。依序疊放預留3cm縫份的裡布與鋪棉、預留0.7cm縫份的表布，以大頭針固定後，由中心開始，呈放射狀，依序進行疏縫。
依圖示將塑膠湯匙置於疏縫路徑，承接針尖，更容易掌控縫針，順利完成疏縫作業。

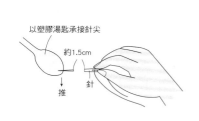

以塑膠湯匙承接針尖
約1.5cm
推
針

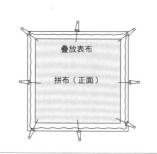

疊放表布
拼布（正面）

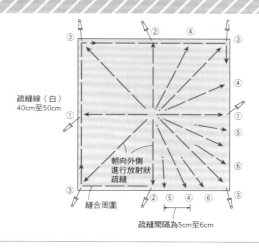

疏縫線（白）
40cm至50cm

朝向外側
進行放射狀
疏縫

縫合周圍

疏縫間隔為5cm至6cm

壓線

表布、鋪棉、裡布，共縫合三層。

拼布（正面）
①入。
打始縫結
1～1.5cm
②出。
縫合線
③用力拉
拉入打結處

壓縫終點2針　壓縫終點2針

由表布側入針後拉緊縫線。針目1mm至2mm。
壓縫終點進行回針縫後剪線。

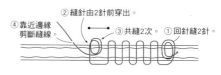

②縫針由2針前穿出。
④靠近邊緣剪斷縫線。
③共縫2次。　①回針縫2針。

右手中指戴上推針用頂針器，食指戴上掌握縫針的橡膠製頂針器，
左手食指或中指戴上承接縫針的頂針器。

以右手中指的頂針器推針，左手的頂針器抵住。利用左手頂針器的角上部位，
將縫針推向正面側，依序壓縫。壓縫幾針後，捏住縫針，拔出縫針。

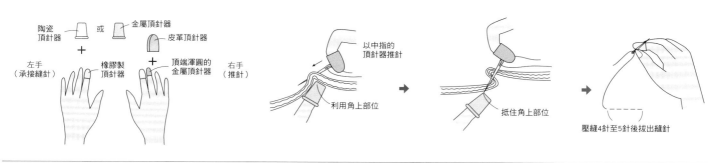

陶瓷頂針器　或　金屬頂針器
皮革頂針器
左手（承接縫針）
橡膠製頂針器
頂端渾圓的金屬頂針器
右手（推針）

以中指的頂針器推針
利用角上部位

抵住角上部位

壓縫4針至5針後拔出縫針

進行壓線時出現的縫縮現象

拼接布片、進行壓線時，可能出現縮縫現象。因此完成包包袋布等車縫壓線作業後，需再次疊放紙型，重新作記號（P.7作品3、P.8作品4等）。
此外，製作袋布周圍縫合一圈側身的包包等作品時，進行壓線後，需再次以布尺測量袋布周圍，調整側身尺寸。

刺繡方法

平針繡

輪廓繡

回針繡

鎖鍊繡

8字結粒繡

捲線繡
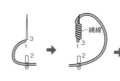
繞線
拉線

雛菊繡

緞面繡

法國結粒繡

直線繡

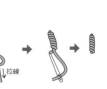

PATCHWORK 拼布美學46

斉藤謠子& Quilt Party
享玩拼布!職人們的開心裁縫創作選

作　　　者／斉藤謠子&Quilt Party
譯　　　者／林麗秀
發　行　人／詹慶和
執 行 編 輯／黃璟安
編　　　輯／蔡毓玲・劉蕙寧・陳姿伶
執 行 美 編／韓欣恬
美 術 編 輯／陳麗娜・周盈汝
出　版　者／雅書堂文化事業有限公司
發　行　者／雅書堂文化事業有限公司
郵政劃撥帳號／18225950
戶　　　名／雅書堂文化事業有限公司
地　　　址／新北市板橋區板新路206號3樓
網　　　址／www.elegantbooks.com.tw
電 子 郵 件／elegant.books@msa.hinet.net
電　　　話／(02)8952-4078
傳　　　真／(02)8952-4084

2021年10月初版一刷　定價520元

經銷／易可數位行銷股份有限公司
地址／新北市新店區寶橋路235巷6弄3號5樓
電話／(02)8911-0825　傳真／(02)8911-0801

國家圖書館出版品預行編目資料

斉藤謠子&Quilt Party:享玩拼布!職人們的開心裁縫創作
選/斉藤謠子, Quilt Party著.林麗秀譯.
-- 初版. -- 新北市:雅書堂文化事業有限公司, 2021.10
面;　公分. -- (拼布美學;46)
ISBN 978-986-302-601-3 (平裝)

1.拼布藝術 2.手提袋

426.7　　　　　　　　　　　　　　110015663

斉藤謠子& Quilt Party
Saito Yoko & Quilt Party

人氣拼布作家。作品配色纖細、作工精美,除日本國人喜愛之
外,愛好者遍佈世界各地。「Quilt Party」為1985年齊藤謠
子設立於日本千葉縣市川市的拼布教室與專門店。每年於教室
舉辦展示會,吸引無數拼布迷造訪。

Quilt Party
http://www.quilt.co.jp/
http://shop.quilt.co.jp/(webshop)

攝影協力
AWABEES
UTUWA

staff
編輯‥‥‥‥‥‥‥‥‥‥‥‥‥ 和田尚子　三城洋子
作法校閱‥‥‥‥‥‥‥‥‥‥ 安彥友美
攝影‥‥‥‥‥‥‥‥‥‥‥‥‥ 奧川純一
書籍設計‥‥‥‥‥‥‥‥‥‥ みうらしゅう子
插畫・紙型製圖‥‥‥‥‥‥ 白井麻衣